Jörg Nohl
Verfahren zur Sicherheitsanalyse

Jörg Nohl

Verfahren zur Sicherheitsanalyse

Eine prospektive Methode zur Analyse und Bewertung von Gefährdungen

DUV Springer Fachmedien Wiesbaden GmbH

CIP-Titelaufnahme der Deutschen Bibliothek

Nohl, Jörg:
Verfahren zur Sicherheitsanalyse: eine prospektive
Methode zur Analyse und Bewertung von
Gefährdungen/
Jörg Nohl. - Wiesbaden: Dt. Univ.-Verl., 1989

© Springer Fachmedien Wiesbaden 1989
Ursprünglich erschienen bei Deutscher Universitäts-Verlag GmbH, Wiesbaden 1989.

Das Werk einschließlich aller seiner Teile ist urheberrechtlich geschützt. Jede Verwertung außerhalb der engen Grenzen des Urheberrechtsgesetzes ist ohne Zustimmung des Verlags unzulässig und strafbar. Das gilt insbesondere für Vervielfältigungen, Übersetzungen, Mikroverfilmungen und die Einspeicherung und Verarbeitung in elektronischen Systemen.

ISBN 978-3-8244-2001-8 ISBN 978-3-663-14537-0 (eBook)
DOI 10.1007/978-3-663-14537-0

Dieses Verfahren widme ich allen
Kindern, insbesondere meinem
Sohn Kolja, denen ich eine
weitgehend gefährdungsfreie und
menschliche Zukunft wünsche.

Vorwort

Die Gesundheit der Beschäftigten zu sichern, ist die zentrale Aufgabe des betrieblichen Arbeitsschutzes. Dazu müssen Verfahren entwickelt werden, die im Sinne einer prognostischen Vorgehensweise Gefährdungen ermitteln und bewerten. Diese Forderung war seit Jahren vordringliches Anliegen von Herrn Prof. Hartmut Thiemecke. Seine Überlegungen und Anregungen haben in wesentlichem Maße zur Erstellung dieser Arbeit beigetragen.

Das hier vorgestellte Verfahren zur Sicherheitsanalyse stellt den Anhang meiner vom Fachbereich 2 der Gesamthochschule Kassel genehmigten Dissertation dar. Mein besonderer Dank gilt daher Herrn Prof. Dr. Ekkehart Frieling für die Betreuung dieser Arbeit sowie Herrn Prof. Dr. Hans Martin für die Übernahme des Korreferates.

Bedanken möchte ich mich vor allem bei meinem Kollegen Wilfried Jungkind-Butz für die Zusammenarbeit während des gemeinsamen Studiums und für die vielen Diskussionen und inhaltlichen Anregungen bei der Bearbeitung verschiedener Forschungsprojekte am Institut für Arbeitswissenschaft und Didaktik des Maschinenbaus der Universität Hannover.

Gedankt sei weiterhin allen Kolleginnen und Kollegen, die die Erstellung dieser Arbeit unterstützt haben.

Hannover, im Februar 1989   Jörg Nohl

Inhaltsverzeichnis

Teil I: Hinweise zum Einsatz

1 Einleitung   3

2 Ziele und Begriffe der Sicherheitsanalyse   5

3 Schritte der Sicherheitsanalyse   10
- 3.1 Schwerpunktermittlung 11
- 3.2 Arbeitsbereichsanalyse 11
- 3.3 Gefährdungssystem abgrenzen 12
- 3.4 Arbeitsablaufanalyse erstellen 13
- 3.5 Gefährdungen ermitteln 14
- 3.6 Bewertung in der Sicherheitsanalyse 16
  - 3.6.1 Überblick 17
  - 3.6.2 Unfallschwere 17
  - 3.6.3 Aufenthaltsdauer im Wirkbereich 18
  - 3.6.4 Gefährdungsmatrix 20
  - 3.6.5 Erschwerende Bedingungen 22
  - 3.6.6 Maßnahmendringlichkeit 23
- 3.7 Protokollierung und Auswertung 25
  - 3.7.1 Protokollierung der Daten 25
  - 3.7.2 Datenauswertung 27
- 3.8 Maßnahmen treffen 30

3.9 Wirkungskontrolle 33

4 Ablaufplan **34**

5 Darstellung der Auswertungsmöglichkeiten **37**

5.1 Interpretation des Analyseberichtes 37

5.2 Vergleich verschiedener Tätigkeiten 39

5.3 Nutzungsmöglichkeiten der Daten 41

Teil II: Erläuterung und Beschreibung der Gefährdungsfaktoren

1 Mechanische Energien **45**

2 Elektrische Energien **48**

3 Chemische Energien und Gefahrstoffe **51**

3.1 Brand- und Explosionsgefährdung 52

3.2 Gesundheitsgefährdende Stoffe 53

4 Thermische Energien **56**

4.1 Heiße Medien 57

4.2 Kalte Medien 57

5 Sonstige Faktoren **58**

6 Arbeitsumgebungsfaktoren **58**

6.1 Klima 60

6.1.1 Arbeiten in warmer/heißer Umgebung 60

INHALTSVERZEICHNIS

      6.1.2   Arbeiten in kühler/kalter Umgebung 62

  6.2 Lärm 64

  6.3 Mechanische Schwingungen 67

  6.4 Strahlung 69

      6.4.1   Mikro- und Radiowellen 72

      6.4.2   Ultraviolette Strahlen 73

      6.4.3   Ionisierende Strahlen 76

7 Physiologische Faktoren   79

8 Mittelbare Faktoren   81

  8.1 Elektrostatische Aufladungen 83

  8.2 Beleuchtung 84

  8.3 Sensumotorik 86

  8.4 Informationstechnische Gestaltung 89

      8.4.1   Signalwahrnehmung 97

      8.4.2   Stellteilbetätigung 99

  8.5 Organisatorische Bedingungen 103

      8.5.1   Arbeitszeit 106

      8.5.2   Pensumsdruck 108

      8.5.3   Formalisierung 109

      8.5.4   Arbeitsaufgabe 110

  8.6 Arbeitsumfeldgestaltung 113

      8.6.1   Bewegungsfläche 114

8.6.2	Zugänglichkeit des Arbeitsplatzes	114
8.6.3	Erreichbarkeit selten zu nutzender Eingriffsstellen	115
8.6.4	Ablagemöglichkeiten	115
8.6.5	Materialabstellflächen	115

Teil III: Gefährdungsregister

Teil III/A: Unmittelbare Faktoren — 119

1 Mechanische Energien — 119

1.1 Gefahrstellen 119

1.2 Gefahrquellen 124

1.3 Bewegte Arbeits- und Transportmittel 131

1.4 Gefährliche Oberflächen 133

1.5 Trittunsicherheit 135

2 Elektrische Energien — 137

2.1 Berühren unter Spannung stehender Teile 137

2.2 Arbeiten in der Nähe von unter Hochspannung stehenden Teilen . 140

3 Chemische Energien — 142

3.1 Brand- und Explosionsgefährdung 142

3.2 Gesundheitsgefährdende Stoffe 144

4 Thermische Energien — 146

4.1 Heiße Medien 146

4.2 Kalte Medien 150

5 Sonstige Faktoren — 152

- 5.1 Infektionsgefährdung — 152
- 5.2 Gefährdung durch andere Menschen — 152
- 5.3 Gefährdung durch Tiere — 152
- 5.4 Arbeiten in Über-/Unterdruck — 153
- 5.5 Gefährdung durch Flüssigkeiten — 153

6 Arbeitsumgebungsfaktoren — 154

- 6.1 Klima — 154
- 6.2 Lärm — 157
- 6.3 Mechanische Schwingungen — 158
- 6.4 Strahlung — 162

7 Physiologische Faktoren — 168

- 7.1 Arbeitsschwere/Körperhaltung — 168

Teil III/B: Mittelbare Faktoren — 171

8 Mittelbare Faktoren — 173

- 8.1 Elektrostatische Aufladungen — 173
- 8.2 Beleuchtung — 174
- 8.3 Sensumotorik — 175
- 8.4 Informationstechnische Gestaltung — 179
  - 8.4.1 Signalwahrnehmung — 179
  - 8.4.2 Stellteilbetätigung — 183

8.5	Organisatorische Bedingungen		187
	8.5.1	Arbeitszeit	187
	8.5.2	Pensumsdruck	188
	8.5.3	Formalisierung	190
	8.5.4	Arbeitsaufgabe	193
8.6	Arbeitsumfeldgestaltung		198
	8.6.1	Bewegungsfläche	198
	8.6.2	Zugänglichkeit des Arbeitsplatzes	198
	8.6.3	Erreichbarkeit selten zu nutzender Eingriffsstellen	199
	8.6.4	Ablagemöglichkeiten	199
	8.6.5	Materialabstellflächen	200

Teil III/C: Leitregeln zur informationstechnischen Gestaltung   **201**

Literatur   **219**

Anhang   **231**

     Anlage 1 233

     Anlage 2 234

     Anlage 3 238

     Anlage 4 239

     Anlage 5 240

Register   **241**

Abbildungsverzeichnis

1	Einteilung von Gefährdungsanalysen	8
2	Schritte einer Sicherheitsanalyse	10
3	Gefährdungsmatrix	20
4	Zuordnung von Gefährdungsmaß und Maßnahmenklasse	24
5	Kopfdaten des Arbeitsblattes	29
6	Rangordnung der Maßnahmen	31
7	Ausgefüllter Analysebericht für das Gefährdungssystem 'Reifen entladen'	38
8	Gegenüberstellung der Gefährdungsmaße einiger Tätigkeiten	40
9	Grobstruktur mechanischer Energien	45
10	Gefährdungsmöglichkeiten durch gegenstandsgebundene Bewegungsenergien	46
11	Gefährdungsmöglichkeiten durch die Bewegung des Gefährdeten	47
12	Gliederung der Gefahrstoffe (verändert nach IG Chemie, Papier, Keramik 1987)	53
13	Elektromagnetisches Spektrum mit Angabe der Frequenzen und Wellenlängen (Oehler 1987, S. 180)	70
14	Von der ACGIH empfohlene spektrale Wichtung von Strahlung im UV-B und UV-C Bereich (Siekmann 1986, S. 178)	75
15	Verhaltensmodell (nach McGrath 1976, verändert und zit. in Hoyos 1980, S. 85)	91
16	Regelkreis Mensch-Maschine (Grandjean 1979, S. 131)	92
17	Strukturierung der Informationsabgabe (verändert und ergänzt nach Luczak 1983)	100

Tabellenverzeichnis

1	*Faktorbereiche*	15
2	*Direkte Zuordnung von Gefährdungsmaßen und Beurteilungsgröße*	21
3	*Unfallzahlen für den Bereich 'Elektrische Energien' (vgl. BG der Feinmechanik und Elektrotechnik 1987)*	48
4	*Verteilung der Unfälle durch elektrischen Strom auf die Spannungshöhe (BG der Feinmechanik und Elektrotechnik 1987, S. 7)*	50
5	*Mögliche Kombinationen für eine Effektivtemperatur von 30 $°C_{eff}$*	61
6	*Werte des Shiver-Index für verschiedene Umgebungstemperaturen (zit. in Forsthoff 1983, S. 25)*	64
7	*Anteil der Personen, die bei einer bestimmten Geräuschexposition einen Gehörschaden erleiden (nach ISO 1999)*	65
8	*Grenzwerte für die Beurteilung einer Lärmexposition*	66
9	*Grenzwerte für den Mikrowellenbereich aus der DDR-Literatur*	73
10	*Grenzwerte für die zulässige UV-Bestrahlung am Arbeitsplatz bezogen auf eine Arbeitsschicht (Siekmann 1986, S. 178)*	76
11	*Arten ionisierender Strahlen (Wiebe 1985, S. 268)*	77
12	*Dimensionsloser Bewertungsfaktor q zur Berücksichtigung der biologischen Wirkung verschiedener Strahlenarten*	78
13	*Fehlhandlungsarten (zusammengestellt aus Hacker 1978, S. 342ff.)*	94
14	*Zuordnung von Fehlhandlungsarten und Gestaltungsfehlern bei der Signalwahrnehmung*	98
15	*Zuordnung von Fehlhandlungsarten und Gestaltungsfehlern bei der Stellteilbetätigung*	102
16	*Klassifikation von Stressoren (Hoyos 1985, S. 127)*	104

Teil I

Hinweise zum Einsatz

1 Einleitung

In der vorliegenden Arbeit wird ein Verfahren zur Sicherheitsanalyse (SIA) vorgestellt[1]. Mit der vorausschauenden Ermittlung und Bewertung von Gefährdungen innerhalb von Arbeitstätigkeiten soll ein Beitrag zur Effektivierung des betrieblichen Arbeitsschutzes geleistet werden. Diese Arbeit stellt die Fortsetzung und Weiterentwicklung eines von der Bundesanstalt für Arbeitsschutz geförderten Projektes dar (vgl. *Nohl/Thiemecke 1988a und b*).

In den letzten Jahren berichteten die Berufsgenossenschaften über rückläufige Unfallzahlen (vgl. z.B. *Hauptverband der gewerblichen Berufsgenossenschaften 1987*). Die größten Erfolge dabei wurden in der Senkung der tödlichen Arbeitsunfälle um ca. 70% seit 1950 erreicht.
Das hat sicherlich eine Reihe von Ursachen. So werden die Erweiterung und Präzisierung des Arbeitsschutzrechtes, z.B. durch das Arbeitssicherheitsgesetz oder das Betriebsverfassungsgesetz, diese Entwicklung unterstützt haben. Die Formulierung von Verordnungen, Unfallverhütungsvorschriften, deren Durchführungsanweisungen, DIN-, VDI-, VDE-Bestimmungen und andere technische Regeln hatten eine breitere Umsetzung von sicherheitstechnischen Maßnahmen zur Folge. Wesentlichen Anteil am Rückgang der Unfallzahlen – vor allem der schweren und tödlichen Unfälle – hat auch die Weiterentwicklung der Technik. Die verstärkt eingesetzte Mechanisierung und Automatisierung von Tätigkeiten hat eine Trennung von Mensch und Maschine zur Folge; damit reduzieren sich gleichzeitig die Unfall- und Verletzungsmöglichkeiten vor allem durch mechanische Energien, die zwar immer noch die Liste der Unfallursachen anführen, aber stark rückläufig sind.

Der abfallende Trend tödlicher Unfälle ist heute weitgehend zum Stillstand gekommen. „Die Zahl der gemeldeten Arbeitsunfälle sank im vergangenen Jahrzehnt gleichmäßig, scheint aber nun in den achtziger Jahren auf der gleichen Höhe zu verharren." (*Mayer 1987, S. 290*). Es ist daher anzunehmen, daß sich die Unfallzahlen stabilisieren werden und eine weitere Verbesserung nur mit größerem Aufwand und veränderten Methoden erreicht werden kann.

---

[1]Grundlagen und Wege zur Entwicklung einer Sicherheitsanalyse sind in einer getrennten Veröffentlichung erschienen: *Nohl, J.: Grundlagen zur Sicherheitsanalyse. Frankfurt/M., Lang 1989*.

Die umfangreicher werdende Mechanisierungs- und Automatisierungsdichte führt zu neuen Anforderungen im betrieblichen Arbeitsschutz und fordert daher eine erweiterte Sichtweise (vgl. *Nohl u.a. 1987* und *Kuhn/Schreiber 1984*). Monotone Arbeitsbedingungen, Über-/Unterforderung, ungünstige Körperhaltungen usw. stellen dabei wesentliche Belastungsfaktoren dar. Künftig muß auf eine Erweiterung des etablierten Arbeitsschutzes um solche Bereiche hingearbeitet werden, die sich nicht mehr schwerpunktmäßig auf die technische Kontrolle von Maschinen und Anlagen konzentrieren; arbeitsorganisatorische, arbeitspsychologische und soziale Faktoren gewinnen auch aufgrund ihrer unfallbegünstigenden Wirkung an Bedeutung (vgl. *Jungkind u.a. 1986*).

Ein wirksamer Schutz der Menschen vor Unfällen und Gesundheitsschäden kann nur dann erreicht werden, wenn Gefahren frühzeitig erkannt werden. Nur so können Unfälle und Gesundheitsschäden im betrieblichen Alltag vermieden werden. Der Einsatz einer vorausschauenden Gefährdungsanalyse ist somit für die rechtzeitige Gefahrenerkennung dringend erforderlich. Dabei wird nicht auf vorliegende Unfälle und deren Hergang zurückgegriffen, vielmehr muß unter Nutzung wissenschaftlicher Erkenntnisse und von Erfahrungswerten der Praktiker die Möglichkeit des Zusammentreffens von Mensch und Gefahr bestimmt werden.

Für ein solches Vorgehen ist zwar ein erheblicher Zeitaufwand nötig, aber schließlich liegt in der Unfallvermeidung auch ein wesentlicher wirtschaftlicher Erfolg, wie die folgende Auflistung verschiedener Kostenfaktoren (vgl. *Schliephacke 1986*) zeigt:

- Erhöhte Abgaben an die Berufsgenossenschaft
- Lohn- und Gehaltsfortzahlungen für die verunglückten Mitarbeiter
- Ausfallzeiten für die Mitarbeiter, die an der Unfallstelle helfend eingreifen
- Reparatur- und Aufräumungsarbeiten
- Neuanschaffung bzw. Reparatur von Betriebsmitteln
- Ertrags- und Umsatzverluste bei nicht fristgerechter Lieferung oder Qualitätsverluste

- Ausfalleistungen: Überstunden und Anlernung anderer Mitarbeiter
- Erhöhter Verwaltungsaufwand.

Die Wirtschaftlichkeit der Arbeitssicherheit läßt sich auch durch konkrete Zahlen belegen. So konnte die Bundesanstalt für Arbeitsschutz ermitteln, daß 1986 die durchschnittlichen Betriebskosten für jeden Arbeitsunfall 862,94 DM pro Ausfalltag betrugen (vgl. auch *Schneider 1984*). Bei einer mittleren Ausfallzeit von 13,4 Tagen entspricht das einem Aufwand von 11 587,- DM je Unfall. Unfälle führen aber nicht nur zu direkten Kosten, sondern stets auch zu Störungen und damit zu Unterbrechungen im Produktionsablauf, verbunden mit Produktionsausfällen, Sachschäden und Qualitätseinbußen. Eine Reduzierung der Unfallhäufigkeit und -schwere, der Berufskrankheiten und der arbeitsbedingten Gesundheitsrisiken ist somit für jeden Betrieb ein unmittelbarer wirtschaftlicher Erfolg und stellt eine nicht zu vernachlässigende Größe der unternehmerischen Planung dar.

Das Ziel einer erfolgreichen Sicherheitsarbeit muß daher aus ethisch-moralischen, gesetzlichen und wirtschaftlichen Überlegungen heraus auf eine Vermeidung von Unfällen abzielen und darf daher nicht nur in der Reaktion auf bereits eingetretene Unfälle liegen. Gefährdungen müssen also erkannt werden, bevor sie zu Unfällen führen können. Dabei ist aber nicht nur ihre Erkennung und bloße Auflistung wichtig, sie müssen auch entsprechend ihres Gefährdungspotentiales in eine Rangfolge gebracht werden, um notwendige Gestaltungsmaßnahmen und Investitionen zielgerichtet einsetzen zu können.

2 Ziele und Begriffe der Sicherheitsanalyse

Sowohl in der betrieblichen Praxis als auch in der Wissenschaft werden die Begriffe Arbeitssicherheit und Arbeitsschutz häufig gleichbedeutend benutzt, obwohl im Laufe der Zeit und durch die Diskussionen um die *DIN 31 004* (Begriffe der Sicherheitstechnik; Vornorm) eine eindeutige und anerkannte Trennung dieser Begriffe erfolgte (vgl. z.B. *Burger 1975, Kliesch u.a. 1978*):

Arbeitssicherheit: Arbeitssicherheit ist der Zustand eines Arbeitssystems (und damit auch der Systemelemente), bei dem Verletzungen, Unfälle, Berufskrankheiten und arbeitsbedingte Erkrankungen des Menschen im Arbeitsprozeß ausgeschlossen sind.² Arbeitssicherheit ist somit ein Idealziel, das es zu erreichen gilt.

Arbeitsschutz/Gesundheitsschutz: Arbeitsschutz/Gesundheitsschutz umfaßt die Gesamtheit aller Maßnahmen, Mittel und Methoden, die der Herstellung von Arbeitssicherheit dienen. Aus Gründen der Vereinfachung wird für Arbeitsschutz/Gesundheitsschutz der Begriff Arbeitsschutz verwendet. Somit ist Arbeitsschutz der Weg zur Arbeitssicherheit und damit ein Prozeß.

Auch die Begriffe 'Gefahr' und 'Gefährdung' werden inhaltlich deutlich voneinander abgegrenzt (vgl. dazu auch *Schneider/Wallner 1976* und *Skiba 1979*):

Gefahr: Gefahr ist das Vorhandensein von Bedingungen in einem Arbeitssystem, die Leben und Gesundheit der Beschäftigten, aber auch Sachgüter schädigen können. Schädigungen des Menschen können sowohl durch kurzfristige Einwirkungen (Unfälle) als auch infolge langandauernder Einwirkungen (Berufskrankheiten, arbeitsbedingte Erkrankungen) entstehen.

Gefährdungen: Gefährdung ist das räumliche und zeitliche Zusammentreffen von Mensch (bzw. Sachgut) und Gefahr (häufig auch als Interaktion bezeichnet).

Die übliche Beschreibung einer Gefahr mit dem Energiemodell – also die Eigenschaft von Gefahren, selbst Energien darzustellen oder verbunden mit Energien aufzutreten – kann zwar zur Abbildung von Unfällen, nicht aber zur umfassenden Charakterisierung langandauernder Einwirkungen herangezogen werden. Da auch langfristig schädigende Bedingungen zweifelsfrei nach der obigen Definition als Gefahr anzusehen sind, muß die energiebezogene Beschreibung der Gefahr erweitert werden. Als Gefahr bzw. Gefährdung werden daher auch Faktoren berücksichtigt, die nicht mit Energien behaftet sind (wie z.B. ungünstige Körperhaltung und Nachtarbeit), die aber dennoch Leben und Gesundheit der Beschäftigten schädigen können.

---
²Ein weiter gefaßter Begriff der Arbeitssicherheit enthält auch das Wohlbefinden und die Arbeitszufriedenheit der Beschäftigten (vgl. *WHO 1946*).

Je nachdem, ob eine Gefährdung die verletzungsauslösende Ursache oder lediglich einen begünstigenden Einfluß darstellt, wird zwischen unmittelbarer und mittelbarer Gefährdung unterschieden:

Unmittelbare Gefährdungen: Unmittelbare Gefährdungen können direkt zu Unfällen oder Erkrankungen führen; sie stellen somit Verletzungs- und Erkrankungsursachen dar. Gelegentlich werden unmittelbare Gefährdungen auch als 'direkte' bezeichnet.

Mittelbare Gefährdungen: Mittelbare Gefährdungen können selbst bei ausreichend langer Einwirkzeit keine Verletzungen und Erkrankungen herbeiführen; aber ihr Auftreten bzw. Vorhandensein kann Bedingungen schaffen, die den Eintritt eines Unfalles oder einer Erkrankung durch unmittelbare Faktoren begünstigen. Synonym zu mittelbarer Gefährdung wird der Begriff 'indirekte Gefährdung' benutzt.

Zur Gefährdungsermittlung am Arbeitsplatz existieren verschiedene Methoden, die mit vielen unterschiedlichen Begriffen Verwirrung stiften: indirekt, direkt, prospektiv, retrospektiv, unfallabhängig, kasuistisch oder auch statistisch. Ebenso gehören dazu: Gefährdungsanalyse, Unfallanalyse, Gefahrenanalyse, Sicherheitsanalyse, sicherheitliche Arbeitsplatzanalyse, Sicherheitsdiagnose. An dieser Stelle soll nun keinesfalls den in der Literatur reichlich vorhandenen Definitionen eine weitere hinzugefügt, sondern die Begriffszusammenhänge sollen vereinfacht werden.
Mit den o.a. Analysen sollen sowohl noch nicht wirksam gewordene als auch durch (Beinah-)Unfälle wirksam gewordene Gefährdungen erkannt werden. Wenn also das gemeinsame Teilziel dieser Analysen die Gefährdungserkennung ist, so stellt 'Gefährdungsanalyse' einen Oberbegriff dar. Die Begriffe 'Unfall-' und 'Sicherheitsanalyse' unterscheiden sich durch den Zeitpunkt (nach oder vor einem Unfall) der Analysedurchführung (vgl. Abbildung 1):

Gefährdungsanalyse: Gefährdungsanalyse ist der Oberbegriff für alle Methoden, die die Analyse von Gefährdungen zum Ziel oder Teilziel haben.

Unfallanalyse/Analyse arbeitsbedingter Erkrankungen: Solche Analysen sind Untersuchungen von Bedingungen, die bereits zu einem Unfall oder zu einem arbeitsbedingten Gesundheitsschaden geführt bzw. begünstigend gewirkt haben.

2 ZIELE UND BEGRIFFE DER SICHERHEITSANALYSE

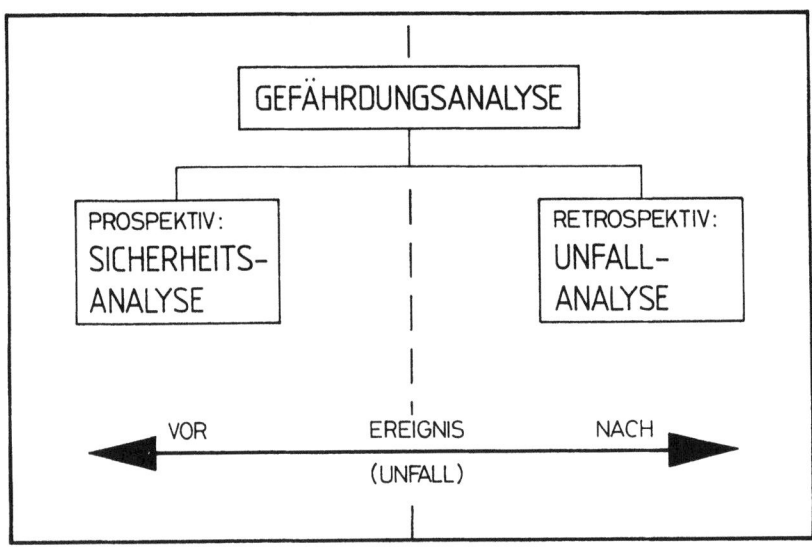

Abbildung 1: *Einteilung von Gefährdungsanalysen*

Sicherheitsanalyse: Mit Sicherheitsanalysen sollen Gefährdungen erkannt und beseitigt werden, bevor sie zu Unfällen bzw. arbeitsbedingten Gesundheitsschäden führen oder auch begünstigend wirken können. Sicherheitsanalysen liegen also vom Analysezeitpunkt her vor Unfällen.

Sicherheitsanalysen betrachten Arbeits- und Gefährdungssysteme in ihrer Gesamtheit; die Einzelelemente des TOP-Modells (Technik, Organisation und verhaltensbedingte Reaktionen) und vor allem deren Zusammenwirken bilden somit die Betrachtungseinheit. Dagegen grenzen sich Verfahren der Sicherheitstechnik ab (vgl. *Kuhlmann 1981*); sie konzentrieren sich auf das Erkennen und Beseitigen von Gefahren, die von technischen Systemen ausgehen können (z.B. Risikoanalysen und Ausfalleffektanalysen).

Die SIA setzt sich zum Ziel, erkannte Gefährdungen so zu bewerten, daß die Ergebnisse untereinander vergleichbar werden und damit eine eindeutige Prioritätenliste entsteht. Gleichzeitig wird für jede Gefährdung eine Maßnahmendringlichkeit bestimmt, die den zeitlichen Handlungsbedarf zur Umgestaltung festlegt. Eine praxisnahe und ökonomisch handhabbare Form erhält das Verfahren durch einen mehrstufigen Aufbau: Während die Einarbeitung in die Thematik durch eine detaillierte Beschreibung des Vorgehens (s. dazu Teil I: Hinweise zum Einsatz) und durch ausführliche Erläuterungen der Gefährdungsmöglichkeiten (s. dazu Teil II: Erläuterung und Beschreibung der Gefährdungsfaktoren und Teil III: Gefährdungsregister) erleichtert wird, steht für die Anwendung des Verfahrens vor Ort ein Erkennungsleitfaden (Anhang 2) zur Verfügung; dieser vierseitige Extrakt enthält in Kurzform mögliche Gefährdungen und deren Bewertungskriterien aus dem Gefährdungsregister. Ergänzt wird das Verfahren von Protokoll- und Auswerteblättern (vgl. Anhang); eine rechnergestützte Ausführung steht zur Verfügung.

Die SIA sollte von Personen durchgeführt werden, die nach dem Arbeitssicherheitsgesetz ausgebildet wurden (Sicherheitsfachkräfte) oder über einschlägige Erfahrungen verfügen. Bei der Gefährdungsermittlung sollen Beobachtungen, Befragungen des Stelleninhabers sowie der Vorgesetzten und die Auswertung von betrieblichen Unterlagen (z.B. Unfallberichte, Verbandbucheintragungen) genutzt werden.

In dem hier entwickelten Verfahren zur Sicherheitsanalyse werden Such- und Erfassungshilfen für Gefährdungen angegeben. Die dort verwendeten Begriffe haben folgende Bedeutung:

Faktorbereiche: Strukturierungshilfe für Gefährdungsfaktoren; Faktorbereiche sind z.B. mechanische Energien, thermische Energien und Arbeitsumgebungsfaktoren.

Gefährdungsfaktoren: Oberbegriff für inhaltlich ähnliche Gefährdungsmöglichkeiten (z.B. gefährliche Oberflächen, Infektionsgefährdung). Die Ebene der Gefährdungsfaktoren stellt eine Auswertekategorie dar.

Items: Erläuternde Ebene der Gefährdungsfaktoren durch die Formulierung von konkreten beobachtbaren oder meßbaren Gefährdungsmöglichkeiten (z.B. sich an scharfen Kanten schneiden, arbeiten im Lärmbereich).

Teilgefährdungen (Tgef): Treffen formulierte Items auf die konkrete Arbeitssituation zu, so werden diese ermittelten Gefährdungsmöglichkeiten als Teilgefährdungen bezeichnet und bewertet.

Gefährdungsmaß (Gm): Gefährdungsmaße sollen eine zahlenmäßige Aussage über die Gefährdung zulassen. In dem vorliegenden Verfahren können Gefährdungsmaße zwischen 0 und 10 vergeben werden. Für die Bewertung werden itemspezifische Einstufungshilfen angegeben.

Gefährdungskennzahl (GK): Die Gefährdungskennzahl ist der Mittelwert aller Gefährdungsmaße und ermöglicht eine globale Aussage über den Sicherheitszustand des Systems.

3 Schritte der Sicherheitsanalyse

Die Anwendung der SIA erfordert ein systematisches Vorgehen, wie es in Abbildung 2 dargestellt ist.

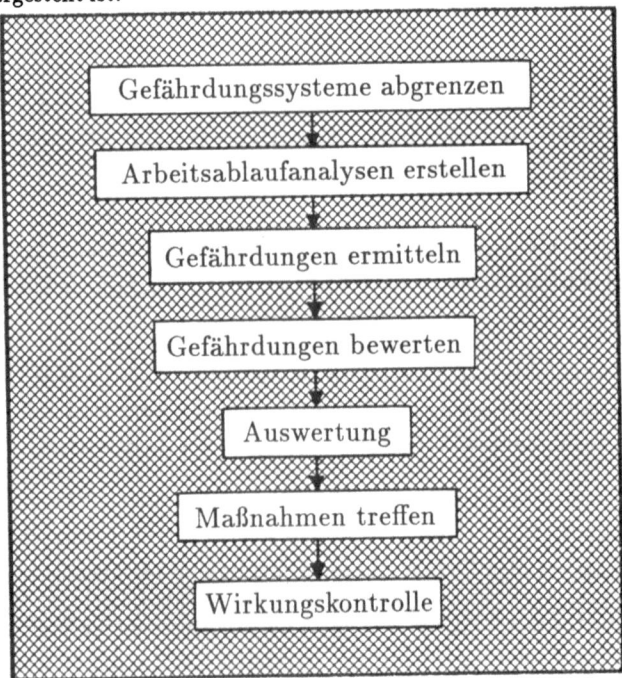

Abbildung 2: *Schritte einer Sicherheitsanalyse*

Die Abarbeitung dieser sieben Schritte wird häufig von Praktikern kritisiert, weil der Aufwand für einen flächendeckenden Einsatz viel zu groß sei. Daher sind

Einschränkungen auf bestimmte Anwendungsgebiete erforderlich. Solche Einschränkungen lassen sich durch die Ermittlung von Schwerpunkten erreichen.

3.1 Schwerpunktermittlung

Mit einer Schwerpunktermittlung wird der Anwendungsbereich der Sicherheitsanalyse ausgewählt; es sollen Brennpunkte des Arbeitsschutzes ermittelt werden. Die Auswertung von Unfallanalysen, Verbandbucheintragungen, Beinah-Unfällen und Beschwerden ergeben ebenso wie Anzeigen auf Verdacht von Berufskrankheiten erste Ansatzpunkte. Auch der überbetriebliche Vergleich von Unfallzahlen, wie er durch die Berufsgenossenschaften vorgenommen wird, kann Hinweise liefern.

Als Ergebnis könnten sich Schwerpunkte in speziellen Produktionsbereichen/Kostenstellen oder für unfallträchtige Tätigkeiten (z.B. Instandhaltung, Transport) ergeben.

Betriebliche Unfallkennziffern werden als statistische Aussage in den meisten Fällen betriebsorganisatorischen Einheiten wie Kostenstellen seltener dagegen Arbeitssystemen zugeordnet. Für solche Arbeitsbereiche als Zusammenfassung mehrerer Arbeitsplätze unter räumlichen, produktionsbezogenen oder betriebswirtschaftlichen Gesichtspunkten existieren daher häufig Unfallkennziffern, die einen ersten Eindruck vom Gefährdungspotential dieses Bereiches vermitteln.

3.2 Arbeitsbereichsanalyse

Aus der Schwerpunktermittlung ergeben sich also zunächst größere Einheiten (Arbeitsbereiche) als später mit der Sicherheitsanalyse untersucht werden sollen. Diese Abgrenzung in Form von Produktionsbereichen, Abteilungen oder Kostenstellen gewährleistet gleichzeitig, daß die Führungszuständigkeiten und Verantwortungsbereiche vor allem für die Maßnahmenumsetzung bereits vorab eindeutig geklärt sind (vgl. *Schneider/Wallner 1976*).

Da bei einer ausschließlichen Betrachtung von Arbeitsplätzen oder Tätigkeiten immer wieder charakteristische Gefährdungen unentdeckt bleiben (z.B. verstellte Fluchtwege, schmale Verkehrswege), muß die Arbeitsbereichsabgrenzung für erste orientierende Analysen genutzt werden. Verschiedene Forderungen, zum Beispiel der Arbeitsstättenverordnung (ArbStättV), können nur dann überprüft werden, wenn nicht Arbeitsplätze, sondern deren Zusammenwirken als Arbeitsbereich betrachtet wird.

Die Forderungen der ArbStättV liegen bereits umgesetzt als Prüfliste vor (vgl. z.B. *Nohl/Thiemecke 1988b*). Diese Prüfliste enthält Forderungen der ArbStättV, deren Erfüllung mit ja/nein-Abfragungen überprüft werden.

3.3 Gefährdungssystem abgrenzen

Aufgrund der häufig engen Verknüpfungen von Arbeitsplätzen muß ein Arbeitsbereich zur Gefährdungsermittlung in kleinere Einheiten gegliedert werden. Hier bietet sich die Nutzung der Systemtechnik als Hilfestellung an, um Zusammenhänge, Funktionen, Eigenschaften und Verhaltensweisen zu erkennen. Die Zerlegung eines Systems in Elemente und die Analyse dieses Systems haben zum Ziel, durch Beschreibung der Elemente und deren Beziehungen zueinander Systemstrukturen aufzuzeigen; darauf aufbauend können Gefährdungen entsprechend zugeordnet werden.

Die Abgrenzung von Systemen sollte sich am Vorgehen der Mutterdisziplin Arbeitswissenschaft orientieren, hier werden Arbeitssysteme[3] gebildet. Arbeitssysteme werden durch die in ihnen zu erfüllende Arbeitsaufgabe bestimmt. Je nach Formulierung der Arbeitsaufgabe werden Art und Umfang (Größe) von Arbeitssystemen festgelegt. Da aber die später zu untersuchenden Systeme nicht immer deckungsgleich mit dem Begriff Arbeitssystem sein müssen – es sollte jedoch angestrebt werden – , und da in manchen Betrieben der Begriff Arbeitssystem für die Bezeichnung von Arbeitsgruppen bereits vergeben ist, soll der Begriff 'Gefährdungssysteme'[4] Überschneidungen vermeiden helfen.

---

[3]Das Arbeitssystem dient der Erfüllung einer Arbeitsaufgabe; dabei wirken Mensch und Arbeitsmittel im Arbeitsablauf unter Umgebungseinflüssen (physikalische, organisatorische, soziale u.a. Faktoren) zusammen (vgl. *DIN 33 400* und *REFA 1978*).

[4]Gefährdungssysteme sind die Betrachtungseinheiten für die durchzuführende Analyse. In den meisten Fällen werden sie deckungsgleich mit Arbeitsplätzen sein. Dabei wird Arbeitsplatz nicht als räumlicher Bereich im Sinne von Arbeitsort verstanden, sondern als Zusammenfassung von Einzeltätigkeiten zu einer Aufgabe eines Menschen bzw. einer Gruppe innerhalb einer 8h-Schicht.

3.4 Arbeitsablaufanalyse erstellen

Eine allgemeingültige Regel für die Aufteilung von Arbeitsbereichen in Gefährdungssysteme kann nicht gegeben werden; es ist jedoch davon auszugehen, daß in den meisten Fällen Abgrenzungskriterien in Form von Tätigkeiten sinnvoll erscheinen. Gefährdungssysteme sollten nicht im Sinne räumlicher bzw. örtlicher Kriterien festgelegt werden, da entsprechend dem allgemein akzeptierten Interaktionsmodell (vgl. z.B. *Skiba 1973, Nill 1980, Schneider 1981*) Gefährdungen erst durch das Zusammenwirken von Mensch und Gefahr entstehen – also meist Handlungen des Menschen voraussetzen.

Liegt Gruppenarbeit vor und werden die einzelnen Tätigkeiten flexibel ausgeführt, so muß die gesamte Arbeitsaufgabe der Gruppe als Abgrenzungskriterium für das Gefährdungssystem herangezogen werden.

3.4 Arbeitsablaufanalyse erstellen

Da Gefährdungen durch das Zusammentreffen von Mensch und Gefahr wirksam werden können, sind diese Schnittstellen zu untersuchen; damit setzt die Gefährdungsermittlung am Arbeitsablauf an.

Selbst wenn in der Praxis Arbeitsablaufanalysen häufig aus Zeitgründen abgelehnt werden, müssen mit ihrer Hilfe Schnittstellen zwischen Mensch und Gefahr ermittelt werden. Oft zeigt sich bei Unfalluntersuchungen, daß der 'Teufel im Detail steckt'. Diese Details aufzudecken, ist Aufgabe und Ziel einer Sicherheitsanalyse. Eine globale Betrachtung wird diese Details nur selten erkennen lassen. Sollen also mit einer Sicherheitsanalyse Unfälle, Verletzungen, arbeitsbedingte Erkrankungen und die damit verbundenen Kosten und aufwendigen Nacherhebungen wirksam vermieden werden, dann muß vorher ausreichend Zeit investiert werden. Sicherlich wird ein hoher Zeitaufwand den Praxiseinsatz erschweren, aber hier ist dringend ein Umdenken vor allem der betrieblichen Entscheidungsträger erforderlich: Geht es um Zeiteinsparungen und Rationalisierungsmaßnahmen, so steht die Notwendigkeit weitaus detaillierterer Studien außer Frage; andere betriebliche Funktionen, z.B. das Arbeitsstudium, lassen Analysen wie Systeme vorbestimmter Zeiten, Methods-Time-Measurement durchführen, die kleinste Bewegungsabläufe (z.B. Hinlangen, Greifen) registrieren. Dieser Aufwand ist um ein Vielfaches höher als die erforderliche Ablaufanalyse im Rahmen einer Sicherheitsanalyse.

Zur Durchführung einer Sicherheitsanalyse muß die zu untersuchende Tätigkeit daher in Teilvorgänge zerlegt werden, wie z.B. Zylinderkopf einspannen, Kabel abisolieren oder auch Bremssattel anschrauben (vgl. *REFA 1978, S. 76*). Eine weitere Gliederung in Vorgangselemente als kleinste Einheit der Ablaufabschnitte (wie z.B. zum Zylinderkopf hinlangen, Abisolierzange greifen, elektrischen Schrauber einschalten) ist nicht erforderlich, wie auch die Ergebnisse der Feldtestung belegen konnten.

Eine solche Zerlegung der Tätigkeit ist jedoch nicht in jedem Anwendungsfall möglich. Die Anwendung des Verfahrens muß bei z.B. ständig wechselnden Tätigkeiten oder sehr langzyklischen Arbeitsabläufen entsprechend der vorgefundenen Situation flexibel gehandhabt werden. Diese oder auch äußerst komplexe und unregelmäßig ablaufende Tätigkeiten lassen sich z.B. mit Hilfe von Multimoment-Studien erfassen.

Die Ablaufanalyse muß sich immer an den realen Bedingungen orientieren, denn Unfälle oder arbeitsbedingte Erkrankungen entstehen häufig erst durch die Arbeitsweise oder durch nicht sicherheitsgerechtes Verhalten. Außerdem können unfallbegünstigende Faktoren wie Zeitdruck oder Abstimmungserfordernisse besser aus den wirklichen Bedingungen heraus abgeleitet werden.

3.5 Gefährdungen ermitteln

In diesem Schritt müssen alle meßbaren, beobachtbaren und denkbaren Gefährdungen ermittelt und festgehalten werden. Ein systematisches Vorgehen erfordert das Abarbeiten einer Struktur möglicher Gefährdungen (Gefährdungsfaktoren) und schafft damit die notwendigen Voraussetzungen für einen späteren Vergleich verschiedener Arbeitsplätze bzw. Tätigkeiten. Eine vorzugebende Struktur soll den Anwender beim Erkennen von Gefährdungen unterstützen, gleichzeitig für eine Vielzahl von Tätigkeiten nutzbar sein und muß das Gebiet der Gefährdungsmöglichkeiten umfassend abfragen. Dabei sind auch solche Faktoren zu berücksichtigen, die Unfälle begünstigen können (vgl. z.B. *Kuhlmann 1981* und *Hoyos 1980*).

Eine solche Struktur enthält Tabelle 1; sie zeigt Faktorbereiche (Oberbegriffe) und deren Numerierung. Diese Oberbegriffe werden durch Gefährdungsfaktoren weiter untergliedert.

Faktorbereiche

1 Mechanische Energien

2 Elektrische Energien

3 Chemische Energien

4 Thermische Energien

5 Sonstige Energien/Faktoren

6 Arbeitsumgebungsfaktoren

7 Physiologische Faktoren

8 Mittelbare Faktoren
   8.1 Elektrostatische Aufladungen
   8.2 Beleuchtung
   8.3 Sensumotorik
   8.4 Informationstechnische Gestaltung
   8.5 Organisatorische Bedingungen
   8.6 Arbeitsumfeldgestaltung

Tabelle 1: *Faktorbereiche*

Erkennungsleitfaden
Ziel bei der systematischen Aufstellung von Gefährdungsfaktoren muß es sein, neben der Erfüllung allgemeingültiger Kriterien wie Vollständigkeit, Verständlichkeit usw., die vielfältigen Gefährdungszusammenhänge möglichst konkret darzustellen.

Eine Strukturierung von Gefährdungen ohne entsprechende Detaillierung – also z.B. eine globale Abfragung von mechanischen Energien – ist zu unspezifisch und führt im allgemeinen dazu, daß bei der Gefährdungsermittlung viele Gefährdungen als solche nicht erkannt werden. Die Faktorbereiche (vgl. Tabelle 1) sind daher so weit zu konkretisieren, bis durch die Formulierung von Items eine sinnbildliche Gefährdungsrelevanz deutlich wird; d.h. die Art und Weise des Auftretens von Gefährdungen muß beschrieben werden. In dem vorliegenden Verfahren wurden daher die Ebenen der Gefährdungsfaktoren und Items (Teilgefährdungen) eingeführt. Eine vollständige Auflistung der Gefährdungen, ergänzt um spezifische Beurteilungskriterien und erschwerende Bedingungen für jedes Item, liefert als wertvolle Hilfe für den praktischen Einsatz der Erkennungsleitfaden (vgl. Anhang 2).

Die genannten Gefährdungsfaktoren und Items werden im Teil II detailliert beschrieben und ihre Auswahl begründet. Mit dieser Ausarbeitung sollen gleichzeitig eine Einführung in die Themenbereiche erreicht und wesentliche Informationen für die Anwender vermittelt werden.

3.6 Bewertung in der Sicherheitsanalyse

Eine Sicherheitsanalyse mit dem Anspruch, über energiebehaftete Gefährdungen hinauszugehen und weitere Gefährdungen aufzunehmen, muß für alle gefährdungsrelevanten Bereiche eine einheitliche Bewertung garantieren. Ergebnisse sind untereinander nur dann vergleichbar, wenn die Einstufungsschlüssel gleiche Grundlagen besitzen, d.h. jeder Einstufungsschlüssel muß hinsichtlich einer zu schaffenden Basis die gleiche Bedeutung besitzen. Diese Vergleichbarkeit der Bewertungsmaßstäbe bildet somit die Grundvoraussetzung für die Festlegung einer Gefährdungsrangfolge.

3.6 Bewertung in der Sicherheitsanalyse

3.6.1 Überblick

Bevor im einzelnen auf den Bewertungsprozeß eingegangen wird, soll hier ein kurzer Überblick gegeben werden. Die gesuchte gemeinsame Basis für die Bewertung aller Gefährdungen bildet die Maßnahmendringlichkeit; sie wird in vier Klassen festgelegt: keine Maßnahme, Maßnahme ohne Dringlichkeit, Sofortmaßnahme und sofortige Abschaltung (Not-Aus). Diese Maßnahmendringlichkeit wird bestimmt durch Erfahrungswerte, gesetzliche Richtwerte, Vorschriften, Richtlinien und gesicherte Erkenntnisse. Die Einstufung der Gefährdungen in die jeweilige Maßnahmenklasse erfolgt durch ein Gefährdungsmaß, das Werte von 0 – 10 annehmen kann. Die Ermittlung der Gefährdungsmaße orientiert sich an den gefährdungsspezifischen Ursache-Wirkungs-Bedingungen.

3.6.2 Unfallschwere

Bewertungskriterien für die Unfallschwere sind anerkanntermaßen die zu erwartenden Folgen bzw. Schäden. Eine ausschließliche Berücksichtigung der Ausfalltage – wie häufig angetroffen – ist jedoch nicht praktikabel. Schließlich können Unfälle bleibende Schäden verursachen oder sogar zum Tode führen. Diese Folgen können aber nicht nach Ausfalltagen eingestuft werden. Es müssen somit bleibende Schäden zusätzlich in der Skalierung berücksichtigt werden.

Da die Einstufung durch die Erfahrungswerte der Analysierenden erfolgt, muß auf bestehende und übliche Stufen zurückgegriffen werden. Diese ergeben sich vor allem aus dem Unfallerfassungsschema der Berufsgenossenschaften. Entsprechend ergänzt, können fünf Stufen unterschieden werden[5]:

Stufe 1, Keine Folgen: Es sind keine Folgen zu erwarten, die Menschen an Leben und Gesundheit schädigen.

Stufe 2, Bagatellfolgen: Reversible Folgen mit einer voraussehbaren Arbeitsunfähigkeit bis einschließlich 3 volle Kalendertage oder reversible Folgen mit einer Heilungsaussicht ohne medizinische Behandlung (spontane Heilung). *Beispiele:* leichte Prellungen, kleine Schnittwunden, Kopfschmerzen, Magenverstimmungen.

---

[5] Die zugeordneten Beispiele ergeben sich durch die Auswertung verschiedener Literaturstellen (vgl. *Bundesverband der Betriebskrankenkassen 1987, Günther/Hymmen 1972*).

Stufe 3, Verletzungs- und Erkrankungsfolgen: Reversible Folgen mit einer wahrscheinlichen Arbeitsunfähigkeit von mehr als 3 vollen Kalendertagen oder einer notwendigen medizinischen Behandlung (kurative Heilung). *Beispiele:* große Schnittwunden, Verstauchungen, Knochenbrüche, Sehnenscheidenentzündungen, Muskelverspannungen, Quetschungen.

Stufe 4, **leichter bleibender Gesundheitsschaden:** Irreversible Folgen mit einem Grad der Behinderung (GdB) bis einschließlich 20%. *Beispiele:* Gesichtsentstellung, chronischer Bindehautkatarrh, Verlust einer Ohrmuschel, Schäden an Herz und Kreislauforganen ohne wesentliche Leistungsbeeinträchtigung, Verlust eines Fingers.

Stufe 5, schwerer bleibender Gesundheitsschaden bis Tod: Irreversible Folgen mit einem Grad der Behinderung (GdB) von mehr als 20% oder Tod. *Beispiele:* Verlust zweier Finger an der rechten Hand, abstoßende Entstellung des Gesichtes, völlige Erblindung oder Verlust eines Auges, schwere Silikose, Verlust aller Zehen.

Die einzustufenden Folgen eines Unfalles hängen je nach Gefährdung von spezifischen Bedingungen ab. Diese Bedingungen werden sowohl im Gefährdungsregister (s. Teil III) als auch im Erkennungsleitfaden (vgl. Anhang 2) aufgelistet. Bei dieser Folgeneinstufung sind keine Extremfälle, wie z.B. durch die Verkettung unglücklicher Umstände, zu berücksichtigen, sondern die Folgen, die in der Mehrzahl der Fälle – also durchschnittlich – eintreten würden.

3.6.3 Aufenthaltsdauer im Wirkbereich

Erklärtes Ziel einer Sicherheitsanalyse ist die Beseitigung von Gefährdungen und die grundsätzliche Verhinderung von Unfällen und arbeitsbedingten Erkrankungen. In den heute üblichen Betrachtungen werden die Unfall- oder Folgeneintrittswahrscheinlichkeit mit den Unfallfolgen multiplikativ zusammengefaßt. Es darf aber nicht Aufgabe einer Sicherheitsanalyse sein, die Höhe der Wahrscheinlichkeit zu bestimmen. Denn wird eine Gefährdung mit einer geringen Wahrscheinlichkeit verbunden, so kann eben nicht ausgeschlossen werden, daß durch diese Gefährdung ein Unfall eintritt. Selbst eine geringe Wahrscheinlichkeit sagt schließlich aus, daß das Ereignis eintreten kann und somit besteht in jedem Falle ein Handlungsbedarf.

3.6 Bewertung in der Sicherheitsanalyse

Es muß also gefragt werden, ob der Eintritt eines Ereignisses wahrscheinlich oder unwahrscheinlich ist. Besteht eine begründete Wahrscheinlichkeit für das Wirksamwerden einer Gefährdung und damit die Möglichkeit einer Interaktion von Mensch und Gefahr, so muß von einem Gefährdungspotential ausgegangen werden. Dieses Gefährdungspotential kann sich jedoch erhöhen, wenn häufige Schnittpunkte zwischen Mensch und Gefahr vorhanden sind.
Als zweites Beurteilungskriterium wird daher die Aufenthaltsdauer im Wirkbereich der Gefahr herangezogen. Sie wird ebenfalls in fünf Stufen bewertet.

Stufe 1: kleiner als 5 Minuten je Schicht oder seltener als täglich

Stufe 2: 5 bis 30 Minuten je Schicht

Stufe 3: 30 Minuten bis 2 Stunden je Schicht

Stufe 4: länger als 2 Stunden je Schicht aber nicht ständig

Stufe 5: über die gesamte Schicht (ständig)

Als Dauer ist also die Zeit zu berücksichtigen, in der sich der Gefährdete (Stelleninhaber) im Wirkbereich der Gefahr aufhält (Wirkbereiche können z.B. sein: die Nähe von Gefahrstellen; mögliche Aufprallstellen herunterfallender Lasten; Verkehrswege; Umgang mit explosionsfähigen Stoffen). Bewegt sich der Stelleninhaber gewöhnlich außerhalb des Wirkbereiches, ist dabei jedoch ein Kontakt mit der Gefahr nicht auszuschließen (z.B. im Verlauf von Störungen), so muß Stufe 1 gewählt werden.
Die gefährdungsspezifische Formulierung des Wirkbereiches ist sowohl im Erkennungsleitfaden als auch in der ausführlichen Darstellung der Items enthalten.

Auch wenn nicht explizit genannt, so spielen in dem hier skizzierten Vorgehen Wahrscheinlichkeiten durchaus eine Rolle. Die Unfalleintrittswahrscheinlichkeit wird berücksichtigt, indem nach dem Überschreiten einer Mindestwahrscheinlichkeit des Unfalleintritts gefragt wird (vgl. *Nill 1980* und *Menges u.a. 1981*). Bei der Folgeneinstufung werden die vorstellbaren (charakteristischen) Folgen und somit die durchschnittliche Folgeneintrittswahrscheinlichkeit gesucht.

3.6.4 Gefährdungsmatrix

Die beiden getrennt einzustufenden Beurteilungsgrößen Folgen und Dauer werden durch eine Gefährdungsmatrix verknüpft. Sie enthält in ihren Zellen Gefährdungsmaße zwischen 0 und 10, die eine Aussage zum Gefährdungspotential zulassen (vgl. Abbildung 3).

FOLGEN \\ DAUER	keine Folgen	Bagatell-folgen	Verletzungs-/ Erkrankungs-folgen	leichter bleibender Gesundheits-schaden	schwerer bleibender Gesundheits-schaden, Tod
	1	2	3	4	5
< 5 min — 1	0	0	2	3	6
5 - 30 min — 2	0	1	3	4	6
30 min - 2 h — 3	0	1	4	6	8
> 2 h — 4	0	2	5	7	9
ständig — 5	0	3	6	8	10

Einstufungsschlüssel

Abbildung 3: *Gefährdungsmatrix*

Die durch ein Expertenrating[6] gewonnenen Gefährdungsmaße berücksichtigen eine stärkere Bewertung der Folgen gegenüber der Dauer. Damit wird auch der Anspruch dieses Verfahrens bestärkt, als primäres Ziel bei der Maßnahmenfindung auf technische Lösungen zurückzugreifen. Denn eine Reduzierung der Folgen, die im allgemeinen durch technische Lösungen erreicht wird, weist einen größeren Erfolg auf, als eine Verringerung der Aufenthaltsdauer im Sinne organisatorischer Maßnahmen. Ebenso wird durch diese Matrix festgehalten, daß die wenig effizienten verhaltensbezogenen Maßnahmen keinen Beitrag zur Verringerung des Gefährdungsmaßes leisten. Gefahr und Gefährdung bleiben bei verhaltensbezogenen Maßnahmen unverändert.

Belastungsfaktoren (Arbeitsumgebungsfaktoren und physiologische Faktoren) können nicht mit der dargestellten Matrix erfaßt werden, weil sich mögliche Folgen bereits über die Belastungsintensität und Expositionsdauer ergeben. Hier ist also eine direkte Zuordnung von Gefährdungsmaßen möglich, die sich aus Grün-

---

[6] An dem Expertenrating waren Sicherheitsingenieure aus der Praxis, im Wissenschaftsbereich tätige Arbeitspsychologen und Arbeitsingenieure sowie Studenten in einem Lehrgang zum Sicherheitsingenieur beteiligt.

3.6 Bewertung in der Sicherheitsanalyse

den der Vergleichbarkeit natürlich auch an der Maßnahmendringlichkeit orientiert (vgl. Tabelle 2).

Gm	Massnahmenklasse	Relative Lage der Beurteilungsgrösse zum Grenzwert
0	keine	keine Gefährdung
1	keine/ohne Dringlichkeit	Beurteilungsgrösse liegt deutlich unterhalb des Grenzwertes
3	ohne Dringlichkeit	Beurteilungsgrösse liegt nahe am Grenzwert, erreicht ihn jedoch nicht
6	Sofortmassnahme	Beurteilungsgrösse erreicht Grenzwert und überschreitet ihn
10	Not-Aus	Beurteilungsgrösse liegt deutlich über dem Grenzwert

Tabelle 2: *Direkte Zuordnung von Gefährdungsmaßen und Beurteilungsgröße*

Für die Arbeitsumgebungsfaktoren Klima, Lärm und mechanische Schwingungen sowie für die Arbeitsschwere liegen bereits ausreichende Forschungsergebnisse vor, so daß eine Bewertung anhand der spezifischen Beurteilungsgrößen unter Einbeziehung verstärkender Bedingungen möglich ist. Damit wird die Standardisierung und die Reliabilität des Verfahrens erheblich erhöht. In diesen Fällen enthält der Erkennungsleitfaden einen Vermerk (Matrix oder spezieller Einstufungsschlüssel) mit Seitenangabe, der als Verweis auf das Gefährdungsregister zu verstehen ist; dort sind die spezifischen Einstufungshilfen aufgeführt.

Sicherlich ist diese Bewertung und Festlegung der Maßnahmendringlichkeit subjektiven Einflüssen ausgesetzt; diese sind jedoch im Sinne einer Erhöhung der Arbeitssicherheit erforderlich und müssen daher akzeptiert werden.

Eine Reduzierung dieser subjektiven Einflüsse kann auf zwei Wegen erreicht werden:

- zum einen könnte die Bewertung von Gruppen vorgenommen werden, ähnlich dem Verfahren in der Arbeitsbewertung. Das hätte zusätzlich den Vorteil, daß alle Beteiligten für die Belange des Arbeitsschutzes stärker sensibilisiert werden und ein maßstäbliches Einschätzen von Gefährdungen erlernt wird

- zum anderen ist eine Schulung bzw. ein Training der Anwender denkbar. Über Richtbeispiele können Maßstäbe zur Gefährdungsbewertung vermittelt werden, wie dies z.B. vom REFA-Verband für die Leistungsgradschätzung verwirklicht wird.

3.6.5 Erschwerende Bedingungen

Neben den unmittelbar zum Unfall oder zur Erkrankung führenden Gefährdungen existieren weitere Bedingungen, die das Eintreten einer Gefährdung beeinflussen können (mittelbare Gefährdungsfaktoren). Dazu gehören je nach Gefährdung z.B.: schlechte Beleuchtungsverhältnisse, eingeengter Bewegungsraum, hohe Aufmerksamkeitsleistung zur Erfüllung der Arbeitsaufgabe und schlechte Erkennbarkeit einer Gefahr oder gefährlichen Situation. In diesen Fällen ist davon auszugehen, daß ein Unfalleintritt begünstigt werden kann.

Eine weitere Notwendigkeit für die Berücksichtigung erschwerender Bedingungen ist das Auftreten sich gegenseitig beeinflussender Gefährdungen; hier ist z.B. an mögliche Schnittverletzungen durch gefährliche Oberflächen in Verbindung mit einer Infektionsgefahr zu denken.
Es ist deutlich zu sehen, daß solche erschwerenden Bedingungen weder den Folgen noch der Dauer generell zugeschrieben werden können; damit muß eine getrennte Erfassung erfolgen.

Aus Folgen und Dauer wird – wie bereits erläutert – nun mit Hilfe der Gefährdungsmatrix ein Gefährdungsmaß bestimmt. Treten zusätzlich erschwerende Bedingungen auf, so ist das ermittelte Gefährdungsmaß um ein oder zwei Zahlenwerte zu erhöhen. Damit wird gleichzeitig ein dringlicherer Handlungsbedarf unterstrichen.

Dieser Weg ist natürlich nur dann möglich, wenn die erschwerenden Bedingungen einer oder auch mehreren Gefährdungen direkt zugeordnet werden können. Nun existieren aber auch Bedingungen, denen allgemein eine begünstigende Komponente zur Unfallentstehung beigemessen wird, ohne daß eine direkt Zuordnung zu einer Gefährdung möglich ist. Hierunter fallen z.B. defekte Arbeitsmittel, stereotype Arbeitsbedingungen, Improvisationsmöglichkeiten im Arbeitsablauf sowie eine schlechte Gestaltung von Anzeigen und Stellteilen. Die Erfassung solcher mittelbaren Gefährdungsfaktoren wird in der SIA in standardisierter Form

3.6 Bewertung in der Sicherheitsanalyse

durchgeführt (vgl. Teile B und C des Gefährdungsregisters). Die verwendeten Einstufungsschlüssel besitzen folgende Bedeutung:

Stufe 0: trifft nicht zu/nicht vorhanden

Stufe 1: guter Gestaltungszustand

Stufe 2: mäßiger Gestaltungszustand (gestaltungsbedürftig)

Stufe 3: schlechter Gestaltungszustand (dringend gestaltungsbedürftig)

Dabei wird vorausgesetzt, daß bei dem Auftreten unmittelbarer Gefährdungen eine hohe Ausprägung mittelbarer Faktoren die ohnehin sicherheitskritischen Situationen verstärken.
Für jedes Item wurden diese Einstufungsschlüssel in Form konkreter Bedingungen ausformuliert.

3.6.6 Maßnahmendringlichkeit

Die Notwendigkeit der Maßnahmenfindung darf sich nicht an relativen Aussagen – wie 'gefährlich' oder 'weniger gefährlich' – orientieren, sondern muß dem Bewertungsmaßstab direkt zugeordnet werden. Legt man relative Werte zugrunde, so kann dies zu einer Aussagenverfälschung führen. Es muß daher ein an feste Kriterien gebundener Beurteilungsmaßstab entwickelt werden, der eine Aussage zur Dringlichkeit des Handlungsbedarfes bei der Maßnahmenfindung zuläßt.

Je nach Höhe des Gefährdungspotentials, ausgedrückt durch das Gefährdungsmaß, ergibt sich ein bestimmter zeitlicher Handlungsbedarf für die Umsetzung von Maßnahmen. In diesem Verfahren wird der Handlungsbedarf durch vier Klassen vorgegeben:

1. **Klasse:** Das Gefährdungspotential ist gering, so daß keine Maßnahmen erforderlich werden und somit auch kein Handlungsbedarf besteht.

2. **Klasse:** Im untersuchten System treten Gefährdungen auf, die Maßnahmen nach sich ziehen sollten. Das Gefährdungspotential nimmt jedoch lediglich solche Werte an, die keine besondere Dringlichkeit erfordern.

3. **Klasse:** Die Höhe des Gefährdungspotentiales im untersuchten System verlangt die unverzügliche Umsetzung von Maßnahmen; damit müssen Sofort-Maßnahmen getroffen werden.

4. **Klasse:** Das System enthält ein derart hohes Gefährdungspotential, daß eine sofortige Unterbrechung der Tätigkeit gerechtfertigt ist ('Not-Aus').

Die Gefährdungsmaße von 0 – 10 können den aufgeführten Systemzuständen bzw. Maßnahmenklassen zugeordnet werden (vgl. Abbildung 4).

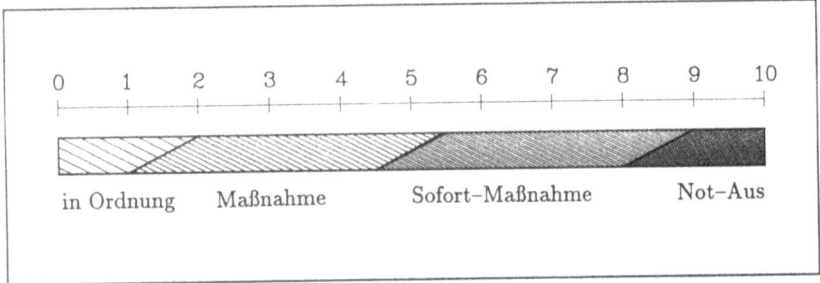

Abbildung 4: *Zuordnung von Gefährdungsmaß und Maßnahmenklasse*

Selbstverständlich ist es nicht möglich, die Maßnahmenklassen durch eindeutig definierte Grenzwerte festzulegen, sondern es werden ineinander übergehende Grenzbereiche gezeigt. Bei festen Grenzen würde das Verfahren eine Genauigkeit oder Exaktheit vortäuschen, die ein prospektives Verfahren niemals erreichen kann[7].

Letztendlich bietet damit dieses Vorgehen dem Anwender die Möglichkeit, unfall- und erkrankungsbeeinflussende Bedingungen (z.B. kumulierte Belastungen) in seine Bewertung aufzunehmen und so das Gefährdungsmaß um entsprechende Zahlenwerte zu erhöhen und damit gleichzeitig einen dringlicheren Handlungsbedarf zu unterstreichen.

---

[7]Grenzwerte orientieren sich oft an gesellschaftlichen Bedingungen und sind daher selten statisch, sondern eher Veränderungen unterworfen. Dies wird selbst bei objektivierten, meßbaren Größen, wie z.B. den MAK-Werten deutlich, die jährlich von einer Kommission geprüft und überarbeitet werden. Auch die Öffentlichkeit hat Einfluß auf die Festlegung absoluter und relativer Grenzen, wie gerade in jüngster Zeit die Diskussion um die Sicherheit von Atomkraftwerken beweist.

3.7 Protokollierung und Auswertung

3.7.1 Protokollierung der Daten

Bei der Suche nach Gefährdungen wird arbeitsablaufbezogen vorgegangen. Jeder Teilvorgang ist daher auf bestehende Gefährdungen zu überprüfen. Eine Gefährdung wird dann nicht aufgenommen, wenn ihr Eintritt bzw. ihr Wirksamwerden äußerst unwahrscheinlich ist (z.B. von einem abstürzenden Satelliten oder einer herunterfallenden Zimmerdecke getroffen werden).
Für die Protokollierung der Daten steht das Erfassungsblatt (vgl. Anhang 1) zur Verfügung, die darin bezeichneten Spalten haben folgende Bedeutung:

Spalten 1 und 2:

Die Sicherheitsanalyse beginnt mit einer Zerlegung der Arbeitstätigkeit in Teilvorgänge (Arbeitsablaufanalyse). Die ermittelten Teilvorgänge werden in Spalte 2 eingetragen, zusätzlich sind Angaben über Arbeitsgegenstände, Arbeits- und Körperschutzmittel möglich. Für die rechnergestützte Auswertung ist eine fortlaufende Numerierung der Teilvorgänge erforderlich; dazu wird in Spalte 1 die jeweilige Nummer des Teilvorganges (Laufindex k) eingetragen.

Spalte 3:

Für jeden Teilvorgang sind alle Items zu untersuchen und hinsichtlich ihres Gefährdungspotentiales zu prüfen (Gefährdungen, deren Eintritt äußerst unwahrscheinlich ist, werden nicht aufgenommen). Der gesamte Erkennungsleitfaden (vgl. Anhang 2) muß also für jeden Teilvorgang – zumindest gedanklich – abgearbeitet werden. Für die Beschreibung der zutreffenden Items (Teilgefährdungen), deren Ursachen und mögliche erschwerende Bedingungen ist Spalte 3 vorgesehen. Werden in einem Teilvorgang mehrere Teilgefährdungen gleicher Art gefunden (z.B. mehrere Einzugstellen), so sind diese einzeln aufzuführen und zu beschreiben. Für jede festgestellte Teilgefährdung ist eine neue Zeile zu nutzen.

Spalte 4:

Für die spätere Zusammenfassung und Auswertung ist eine Zuordnung der Teilgefährdung zu einem in dem Erkennungsleitfaden angegebenen Gefährdungsfaktor erforderlich. In Spalte 4 wird daher die Nummer des Gefährdungsfaktors (z.B. '1.1' für Gefahrstellen oder '3.2' für gesundheitsgefährdende Stoffe) eingetragen. Als Laufindex i geht diese Nummer auch in die rechnergestützte Auswertung ein.

Spalte 5 (F):
In Spalte 5 erfolgt die Einstufung der Folgen. Die ermittelte Stufe wird als Zahlenwert (von 1 bis 5) eingetragen.

Spalte 6 (D):
Analog zur Folgeneinstufung wird die Festlegung der Aufenthaltsdauer im Wirkbereich der Gefahr vorgenommen und die ermittelte Stufe (von 1 bis 5) in Spalte 6 eingetragen.

Spalte 7 (EB):
Wurden erschwerende Bedingungen registriert, die unabhängig von der Folgen- und Dauereinstufung berücksichtigt werden müssen, so kann eine Erhöhung des anschließend zu ermittelnden Gefährdungsmaßes erforderlich werden. In Spalte 7 wird dies gekennzeichnet: für eine Erhöhung des Gefährdungsmaßes um einen Zähler '+1' und in Sonderfällen '+2' für eine Erhöhung um zwei Zähler.

Spalte 8 (Gm):
Als letzter Schritt im Erfassungsblatt wird das Gefährdungsmaß bestimmt. In der Gefährdungsmatrix wird der Schnittpunkt der Einstufung für Folgen und Dauer ermittelt. Der in dieser Zelle gefundene Zahlenwert (zwischen 0 und 10) ist der Wert des jeweiligen Gefährdungsmaßes. Wurden in Spalte 7 erschwerende Bedingungen vermerkt, so muß der entsprechend erhöhte Wert des Gefährdungsmaßes in Spalte 8 eingetragen werden.

Besonderheiten:
Die Erfassung und Bewertung der Arbeitsumgebungsfaktoren und der physiologischen Faktoren kann sowohl teilvorgangs- als auch schichtbezogen erfolgen. Es ist im Einzelfall zu entscheiden, welcher Zeitmaßstab angewendet werden muß. Die Entscheidung sollte sich an der Gleichmäßigkeit der Belastung orientieren: annähernd gleichbleibende Belastungen können über eine Schicht gemittelt werden, während beim Auftreten von Spitzenbelastungen eine teilvorgangs- und damit arbeitsablaufbezogene Beurteilung vorgenommen werden muß. Werden nur Spitzenbelastungen registriert (z.B. kurzzeitig notwendige schwere körperliche Arbeit), dürfen keine Mittelwerte gebildet werden.

3.7 Protokollierung und Auswertung

Für einige Teilgefährdungen existieren spezielle Matrizen oder Einstufungsschlüssel, die in dem Gefährdungsregister dargestellt sind; entsprechende Hinweise enthält der Erkennungsleitfaden. Die Ermittlung der Gefährdungsmaße muß sich in diesen Fällen an den spezifischen Auswertehilfen orientieren. Die Einstufungen in den Spalten 5,6 und 7 entfallen, weil das Gefährdungsmaß direkt bestimmt werden kann.

Gefährdungen können zwar grundsätzlich Teilvorgängen und damit bestimmten Handlungen zugeordnet werden, aber es existieren auch Gefährdungen, die nicht in ursächlichem Zusammenhang mit den untersuchten Teilvorgängen stehen:

- ständig wirkende Gefährdungen (z.B. von anderen Maschinen)
- unregelmäßig wirkende Gefährdungen (z.B. Schnittpunkte mit Gabelstapler oder Kran, defekte Arbeitsmittel).

Solche Gefährdungen können nach der Arbeitsablaufanalyse in dem Erfassungsblatt als tätigkeitsunabhängige Gefährdungen beschrieben werden, müssen aber wegen der rechnergestützten Auswertung mit einer fortlaufenden Nummer über die Teilvorgänge hinaus versehen werden (Laufindex k, Spalte 1).

Für die Erfassung und Auswertung der mittelbaren Faktoren steht ebenfalls ein spezielles Protokollblatt zur Verfügung (vgl. Anhang 5). Die Einstufungen (von 0 bis 3) werden entsprechend den in der SIA formulierten spezifischen Gestaltungszuständen (vgl. Teil B des Gefährdungsregisters) vorgenommen. Für die Ausfüllung dieses Protokollblattes muß daher in jedem Falle das Gefährdungsregister genutzt werden.

3.7.2 Datenauswertung

Ziel bei der Auswertung der ermittelten Daten ist sowohl die Bildung einer Rangfolge als auch die Erkennung von Gefährdungsschwerpunkten. Die Maßnahmenfindung erfordert daher die Ermittlung von Maximalwerten; sie allein können jedoch für statistische Auswertungen nicht genutzt werden, in diesem Falle sind alle ermittelten Gefährdungen interessant. Es ist daher ein Kompromiß erforderlich, der sowohl Maximalwerte als auch statistische Maßzahlen zuläßt.

1. Auswertungsmöglichkeit: Ermittlung der höchsten Gefährdungsmaße. Sollen aus den bewerteten Gefährdungen Maßnahmen abgeleitet werden, so interessieren vor allem die Maximalwerte bzw. solche, die einen sofortigen Handlungsbedarf erfordern (Gm ab 5). Mit den Gefährdungsmaßen kann eine Rangfolge für die Maßnahmenfindung aufgestellt werden, an deren Spitze die Gefährdung(en) mit dem höchsten Gefährdungsmaß steht.

2. Auswertungsmöglichkeit: Die zusätzliche Bildung von Mittelwerten der Gefährdungsmaße für jeden Gefährdungsfaktor erlaubt einen Vergleich dieser Faktoren untereinander und gegenüber anderen Gefährdungssystemen. Der Vergleich untereinander – als Balkendiagramm ausgeführt – weist Gefährdungsschwerpunkte auf.

3. Auswertungsmöglichkeit: Die Verteilung aller Gefährdungsmaße (Gm größer als 3) nach ihrer Wertigkeit läßt weitere Aussagen zur Gesamtgefährdung im untersuchten System zu. So stellt z.B. eine ausgeprägte Häufigkeit hoher Gefährdungsmaße ein Indiz für hohe Wahrnehmungsleistungen durch den Stelleninhaber dar. Außerdem können bei bekannter Verteilung der Gefährdungsmaße die gebildeten Mittelwerte besser interpretiert werden.

4. Auswertungsmöglichkeit: Für betriebliche Entscheidungsprozesse reicht diese starke Verdichtung häufig noch nicht aus. Hier wird meist nach einer Kennziffer gefragt. Rein rechnerisch läßt sich eine solche Kennziffer mit den vorhandenen Daten leicht ermitteln; es wird der Mittelwert aller Gefährdungsmaße gebildet wird. Dieser Einzahlenwert stellt jedoch nur eine statistische Größe dar und hat für die Sicherheitsarbeit vor Ort kaum einen Nutzen. Als Kennziffer wird die Gefährdungskennzahl (GK) gebildet.

Die mittelbaren Faktoren werden als Profildarstellung im Protokollblatt entsprechend ihrer Ausprägung angegeben; eine zusätzliche Auswertung ist somit nicht erforderlich.

Arbeitsblatt und Analysebericht

Die ermittelten Daten im Erfassungsblatt müssen verdichtet bzw. deutlich ausgewiesen werden, um sowohl eine entsprechende Interpretierbarkeit herzustellen, als auch eine bessere Übersichtlichkeit zu erhalten. Dafür wurde ein 'Analysebericht' entwickelt (vgl. Anhang 3). Es enthält zusammengefaßt alle wesentlichen Informationen aus der durchgeführten Analyse.

3.7 Protokollierung und Auswertung

Über ein EDV-Programm kann der Analysebericht vollständig erstellt werden; dazu wird für jeden Teilvorgang (Laufindex k) und jede festgestellte Gefährdung das Gefährdungsmaß eingegeben.

Besteht keine Möglichkeit zur rechnergestützten Auswertung, so müssen die entsprechenden Daten per Hand ermittelt werden. In einem Zwischenschritt ist dann das 'Arbeitsblatt' (vgl. Anhang 4) auszufüllen. In Abbildung 5 sind die Kopfdaten des Arbeitsblattes dargestellt.

Arbeitsblatt											
Arbeitsplatz:					Datum:						
Gefährdungsfaktoren	Anzahl Tgef	Σ Gm	$\overline{\text{Gm}}$		Gm max	Anzahl Gm =					
						4	5	6	7	8	9	10
1.1 Gefahrstellen											
1.2 Gefahrquellen											

Abbildung 5: *Kopfdaten des Arbeitsblattes*

Folgende Berechnungen sind auszuführen[8]:

Anzahl Tgef:
 Die Anzahl aller ermittelten Teilgefährdungen je Gefährdungsfaktor (z.B. Gefahrstellen) wird als Zahlenwert eingetragen.

$\sum$ **Gm :**
 Die ermittelten Gefährdungsmaße aller Teilgefährdungen für den entsprechenden Gefährdungsfaktor (z.B. Gefahrstellen) werden aufaddiert und als Summe eingetragen.

$\overline{\text{Gm}}$ **:**
 Der Mittelwert der Gefährdungsmaße für jeden Gefährdungsfaktor ergibt sich aus der Division der $\sum Gm$ durch die Anzahl der Teilgefährdungen:

$$\overline{\text{Gm}} = \frac{\sum \text{Gm}}{\text{Anzahl Tgef}}$$

---

[8] Hier wird nicht zwischen den einzelnen Teilvorgängen unterschieden, sondern die Tätigkeit als Ganzes betrachtet.

Gm$_{max}$:
Für jeden Gefährdungsfaktor wird aus den Einzelbewertungen der Teilgefährdungen das maximale Gefährdungsmaß gesucht und eingetragen.

Anzahl Gm = :
Die Anzahl der ermittelten Teilgefährdungen mit den entsprechenden Gefährdungsmaßen (4, 5, 6, 7, 8, 9 und 10) wird für jeden Gefährdungsfaktor als Zahlenwert in die zugehörige Spalte eingetragen

Letzte Zeile ('insgesamt'):
In der letzten Zeile werden die Anzahl aller ermittelten Teilgefährdungen und die Gesamtsumme der Gefährdungsmaße gebildet. Vergleichbar zur Berechnung von $\overline{Gm}$ wird daraus die Gefährdungskennzahl (GK) gebildet. Für die Verteilung der Gefährdungsmaße werden die Einzelergebnisse je Gefährdungsfaktor (Anzahl Gm =) aufaddiert und als Summe ausgewiesen.

Im Analysebericht werden – nach Ausfüllung der Kopfdaten (Identifizierungsmerkmale) – die Mittelwerte der Gefährdungsmaße für die Gefährdungsfaktoren entsprechend ihrer Ausprägung als Balken dargestellt; die Angabe des maximalen Gefährdungsmaßes erfolgt in der letzten Spalte.
Zur Darstellung der Verteilung der Gefährdungsmaße muß zunächst auf der Achse 'Anzahl Gm' ein Maßstab eingetragen werden. Die Häufigkeit der einzelnen Gefährdungsmaße soll dann als vertikaler Balken angegeben werden.

3.8 Maßnahmen treffen

Maßnahmen sind in den Bereichen Technik, Organisation und im Verhalten der gefährdeten Person selbst zu suchen, wie *Compes* bereits 1965 manifestierte. Dabei ist allgemein anerkannt, daß mit technischen Maßnahmen bei der Beseitigung von Gefährdungen die größten Erfolge erzielt werden können, während verhaltensbezogene Maßnahmen in den meisten Fällen ohne wesentliche Wirkung bleiben.

Abbildung 6 enthält eine Rangordnung der Maßnahmen. Dabei wird der technische Bereich in primäre Maßnahmen (gefahrlose Technik) und sekundäre Maßnahmen (Sicherheitstechnik) aufgesplittet.

3.8 Maßnahmen treffen

Primäre Maßnahmen (Maßnahmen 1. Ordnung):

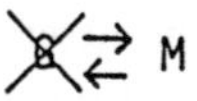

⟶ M Vollständige Beseitigung der Gefahren. Maßnahmen müssen direkt am Entstehungsort (Quelle) der Gefahren ansetzen.

Sekundäre Maßnahmen (Maßnahmen 2. Ordnung):

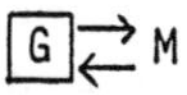

[G] ⇄ M Kapselung der Gefahren. Die Gefahren bleiben zwar bestehen, aber durch Anwendung der Sicherheitstechnik werden sie am Wirksamwerden gehindert.

Organisatorische Maßnahmen (Maßnahmen 3. Ordnung):

G [⇄] M Gefährdungen vermeiden. Das Zusammenwirken (Interaktion) von bestehenden Gefahren und Mensch wird durch organisatorische Regelungen vermieden.

Verhaltensbezogene Maßnahmen (Maßnahmen 4. Ordnung):

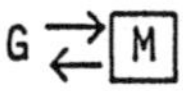

G ⇄ [M] Einschränkungen der Auswirkungen. Mögliche Auswirkungen bestehender Gefährdungen werden durch verhaltensbezogene Anweisungen eingeschränkt.

Abbildung 6: *Rangordnung der Maßnahmen*

Auf die ausdrückliche Nennung von Körperschutzmitteln als ein Maßnahmenbereich kann verzichtet werden, weil die Nutzung von persönlichen Schutzausrüstungen ausschließlich vom Verhalten der betroffenen Person abhängt und somit als Maßnahme 4. Ordnung bereits eingeht.

Die vier Maßnahmenbereiche sind in einer hierarchischen Struktur angeordnet, d.h. bei der Suche nach möglichen Maßnahmen ist immer in der obersten Hierarchiestufe (Primäre Maßnahmen) zu beginnen. Sicherungsmaßnahmen der zweiten bis vierten Stufe dürfen nur dann eingesetzt werden, wenn sich die jeweils höherwertige Maßnahme nicht anwenden läßt, oder wenn ihr Einsatz unzweckmäßig ist.

In der letzten Stufe wird lediglich auf das Verhalten der betroffenen Personen eingewirkt, ohne daß sich die Erscheinungsformen von Gefahr und Gefährdung verändern. Diesem Sachverhalt wird Rechnung getragen, indem dieser Maßnahmenbereich keinen Beitrag zur Verringerung des Gefährdungsmaßes leistet.

Aufgrund der durchgeführten Bewertung der Teilgefährdungen (orientiert an der Dringlichkeit von Maßnahmen) ergibt sich eine festgelegte Rangfolge der Gefährdungen. Primärer Ansatzpunkt bei der Maßnahmenfindung sollten natürlich solche Gefährdungen sein, die ein hohes Gefährdungspotential besitzen; d.h. die Entwicklung von Maßnahmen muß bei den Gefährdungen mit den höchsten Gefährdungsmaßen beginnen; Hilfestellungen dabei liefert auch die Einordnung in die vier Maßnahmenklassen, womit der jeweilige zeitliche Handlungsbedarf festgelegt wird. Für Gefährdungen mit Gefährdungsmaßen größer als 2 sollten, ab 5 müssen Maßnahmen vorgeschlagen werden.

Bei der Suche nach Maßnahmen sollten folgende Kriterien beachtet werden:

- eine Gefährdung ist wirksam und wirtschaftlich zu beseitigen

- es ist die Ursache zu beseitigen und nicht nur die Wirkung zu mindern

- es ist darauf zu achten, daß mit der Beseitigung von Gefährdungen keine neuen Gefährdungen entstehen dürfen

- es muß verhindert werden, daß gleichartige Gefährdungen nicht zu einem späteren Zeitpunkt wieder auftreten oder an einem anderen Ort bestehen bleiben.

Diese Auflistung macht deutlich, daß sich eine Sicherheitsanalyse nicht nur auf analysierte Gefährdungen oder auf deren Beseitigung beschränken darf. Ein solches Vorgehen entspräche zwar dem vordergründigen Ziel einer Sicherheitsanalyse, nämlich der Gefährdungsbeseitigung, aber hier muß über spezifische technische, organisatorische und verhaltensbeeinflussende Maßnahmen hinausgegangen werden: Es ist zu fragen, warum die erkannten Gefährdungen auftreten konnten und ob es möglich ist, einen Zustand zu erreichen, bei dem solche Gefährdungen grundsätzlich vermieden werden können[9]. Erst dieses Vorgehen entspricht einer effektiven, prospektiven Sicherheitsarbeit.

---

[9]Hier sei z.B. auf betriebsinterne Normen zum Ankauf lärmarmer Maschinen oder auf die betriebliche Unterweisung bzw. Aus- und Weiterbildung verwiesen.

Eine erfolgsorientierte prospektive Sicherheitsarbeit verlangt daher nicht nur eine frühzeitige Erkennung von Gefährdungen, sondern soll vor allem verhindern, daß Gefährdungen überhaupt entstehen können. Grundvoraussetzung zur Erreichung dieses hochgesteckten Zieles ist die Integration des Arbeitsschutzes in jede relevante betriebliche Entscheidung.

3.9 Wirkungskontrolle

Die Wirkungskontrolle nach einer Maßnahme bildet den Abschluß des erörterten systematischen Vorgehens. Sie soll die erreichte Schutzwirkung der getroffenen Maßnahmen bewerten. Bei der Festlegung und Verwirklichung von Maßnahmen können Abweichungen von dem geplanten Zustand entstehen. Ursachen können technischer, finanzieller oder zeitlicher Art sein, aber auch durch Mißverständnisse bei der Umsetzung entstehen; ebenso kann das Zusammenführen von Gestaltungs- und begleitenden Maßnahmen (wie z.B. Aus- und Weiterbildung) zu Schwierigkeiten führen, oder es treten infolge der Umgestaltung eines Systems neue, bisher nicht berücksichtigte Gefährdungen auf.

Die Wirkungskontrolle erfolgt in zwei Teilschritten. Im ersten Teil wird gefragt, ob die Maßnahmen im festgelegten Umfang getroffen und damit vollständig umgesetzt wurden. Ebenso ist es wichtig festzustellen, inwieweit die begleitenden Maßnahmen eingeleitet oder bereits durchgeführt wurden. Nach Feststellung dieser Vorbedingungen wird in einem zweiten Schritt die Schutzwirkung überprüft. Jetzt stehen u.a. folgende Fragen im Vordergrund: Wurde der angestrebte Zweck erreicht, sind die festgestellten Gefährdungen mit den getroffenen Maßnahmen abgebaut worden oder treten sogar neue Gefährdungen auf. Bereits diese Formulierungen machen deutlich, daß eine Wirkungskontrolle nicht in Form einer 'Begehung' erfolgen kann, sondern detailliert ablaufen muß.

Restgefährdungen und neu aufgetretene Gefährdungen lassen sich nur durch sorgfältige Analysen aufdecken. Das umgestaltete System muß daher in dem neuen Zustand anhand einer weiteren Sicherheitsanalyse untersucht werden. Alle Teilgefährdungen müssen erneut bewertet werden, um sowohl positive als auch negative Veränderungen zu ermitteln. Ein anschließender Vergleich der Gefährdungsmaße vor und nach der Umgestaltung läßt eindeutige Aussagen zu.

Wird die gewünschte Schutzwirkung nicht erreicht, müssen nach einer Diskussion der Fehler und Mängel gemeinsam mit den bisher Beteiligten erneut Maßnahmen entwickelt werden.

4 Ablaufplan

In dem folgenden Ablaufplan wird das gesamte Vorgehen bei der Durchführung der SIA übersichtlich dargestellt.

Die einzelnen Ablaufschritte enthalten wichtige Hinweise zur Durchführung selbst, gleichzeitig wird aber auch auf die erforderlichen Erfassungs- und Auswertehilfen verwiesen. Die angesprochenen Arbeitsblätter sind im Anhang als Kopiervorlagen enthalten.

Für den praktischen Einsatz des Verfahrens vor Ort sind folgende Unterlagen erforderlich:

- Erkennungsleitfaden zur 'Abarbeitung' aller Gefährdungen
- Unterlage, die die Einstufungsschlüssel für Folgen und Dauer enthält
- Erfassungsblatt zur Registrierung der Gefährdungen
- Gefährdungsregister Teile B und C zur Erfassung der mittelbaren (unfallbegünstigenden) Gefährdungen
- Protokollblatt – Mittelbare Faktoren – zum Ankreuzen der zutreffenden Antwort.

Ablaufplan Sicherheitsanalyse

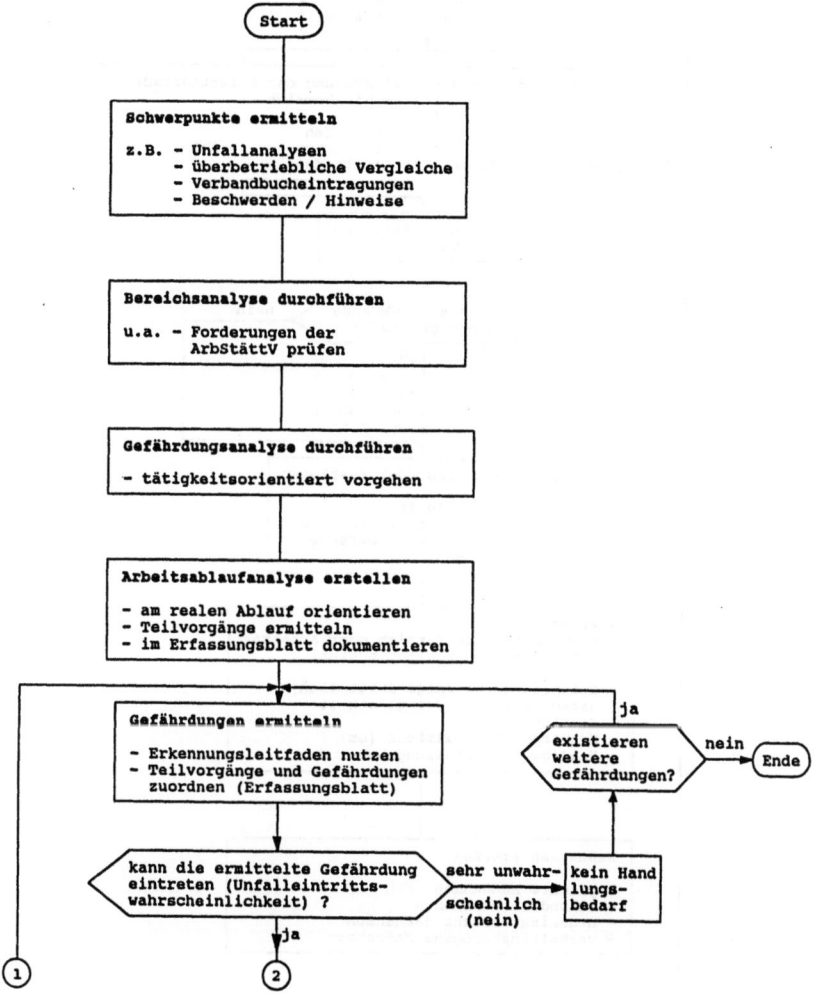

4 ABLAUFPLAN

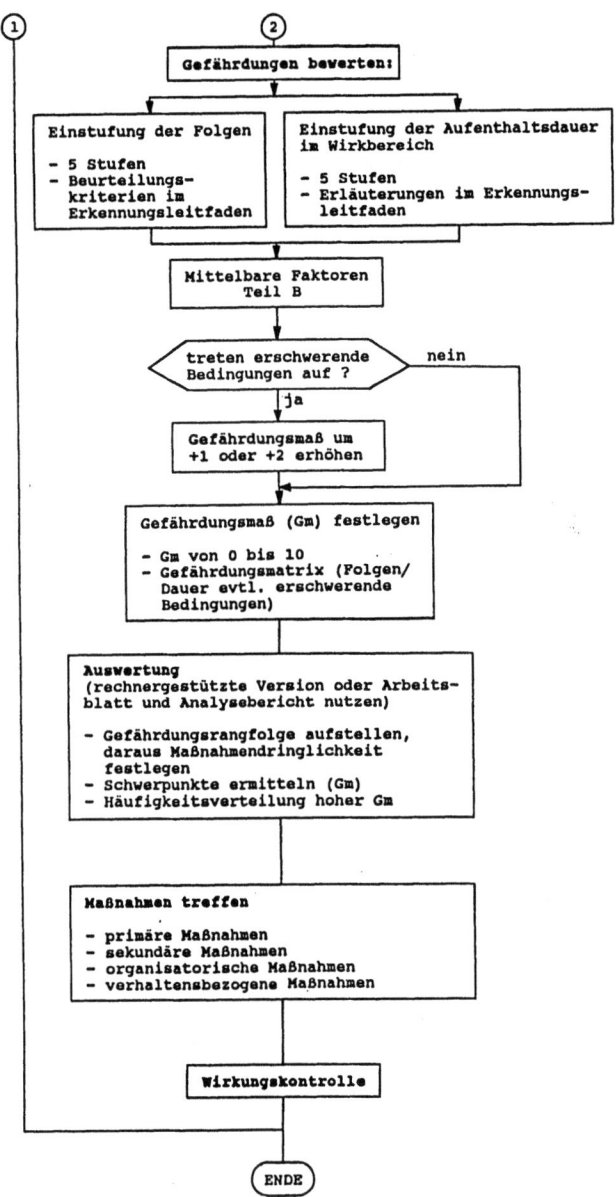

5 Darstellung der Auswertungsmöglichkeiten

5.1 Interpretation des Analyseberichtes

Zur Veranschaulichung des gesamten Vorgehens sollen einige Ergebnisse aus den bisherigen Analysen vorgestellt werden.

An einem ausgefüllten Analysebericht (vgl. Abbildung 7) lassen sich die vier Auswertungs- und Interpretationsmöglichkeiten gut erläutern.

Auf die Darstellung der Kopfdaten zur Identifizierung wurde aus Anonymitätsgründen verzichtet. Die Tätigkeit 'Reifen entladen' dient als beispielhaftes Gefährdungssystem.

Vorab eine kurze Beschreibung des Gefährdungssystems:
Der Stelleninhaber muß ankommende LKWs von dem Frachtgut Reifen entladen. Die Reifen werden als Stückgut verladen, d.h. sie liegen einzeln ohne feste Verbindung zueinander auf der Ladefläche. Abhängig von Beladung und Einflüssen auf dem Transportweg liegen die Reifen in einer geordneten oder ungeordneten Struktur. Die Stapelhöhe im LKW beträgt ca. 2,50 m.
Für den Transport der PKW–Reifen von der Ladefläche ins Lager stehen Handwagen zur Verfügung; ähnliche Transportmittel für LKW–Reifen existieren nicht, so daß sie manuell ins Lager gerollt werden müssen.
Hier wird also eine rein manuelle Tätigkeit ohne Nutzung von energiebetriebenen Arbeitsmitteln ausgeführt. Darauf ist auch die Nichtbesetzung des Gefährdungsfaktors 1.1 'Gefahrstellen' zurückzuführen; hier werden Gefährdungen durch energiebetriebene Arbeitsmittel registriert.

Im Analysebericht werden die Mittelwerte der Gefährdungsmaße als Balkendiagramm dargestellt. Das untersuchte Gefährdungssystem ist gekennzeichnet durch relativ wenige Gefährdungsfaktoren, die jedoch – bis auf die Gefährdungen 'Lärm' und 'Mechanische Schwingungen' – deutlich ausgeprägt sind. Ihre Mittelwerte liegen zwischen 3 und 5.

Obwohl für Gefährdungen durch 'Klima' und 'Arbeitsschwere' die höchsten Mittelwerte festgestellt wurden, entfallen die maximalen Gefährdungsmaße (Gm_{max}) auf die Gefährdungen durch 'Bewegte Arbeits-/Transportmittel' und 'Trittunsicherheit'. Das ist nur so zu erklären, daß 'Klima' und 'Arbeitsschwere' keine

38 5 DARSTELLUNG DER AUSWERTUNGSMÖGLICHKEITEN

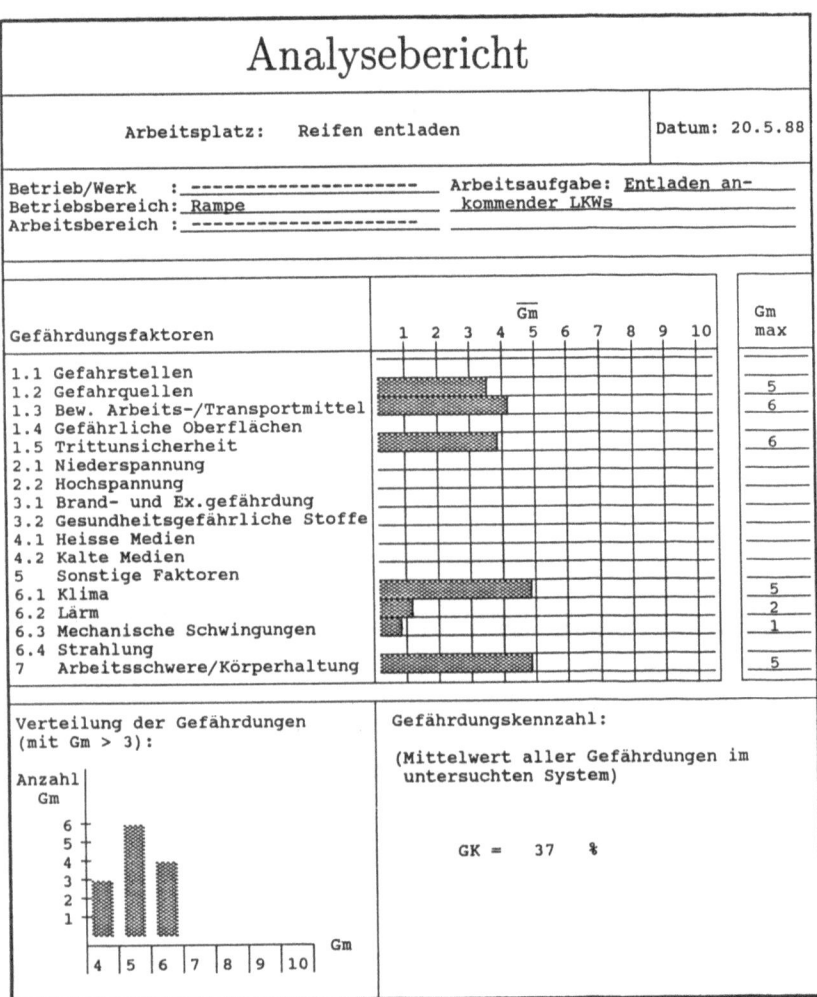

Abbildung 7: *Ausgefüllter Analysebericht für das Gefährdungssystem 'Reifen entladen'*

Spitzengefährdungen im Sinne kurzzeitiger Belastungen darstellen, sondern über einen längeren Zeitraum (z.B. Tag oder Schicht) ständig als Gefährdungen wirken.

Diese beiden Auswertungsmöglichkeiten zeigen in diesem Falle durch ihre weitgehend homogene Verteilung hoher Gefährdungsmaße auf, daß keine 'Spitzengefährdung' existiert. Die Häufigkeitsverteilung der Gefährdungsmaße verdeutlicht noch einmal die hohe Konzentration der Gefährdungsmaße 5 und 6.
Mit der Angabe, daß das Gefährdungsmaß Gm = 6 insgesamt viermal vergeben wurde, wird auch deutlich, daß sich hinter den beiden Gefährdungsmaßen mit Gm = 6 für die Gefährdungsfaktoren 'Bewegte Arbeits-/Transportmittel' und 'Trittunsicherheit' zwei weitere Gefährdungen mit dem gleichen Gefährdungsmaß verbergen müssen.

Da viele Gefährdungen mit hohen Gefährdungsmaßen ermittelt wurden, ergeben sich keine eindeutigen Schwerpunkte. Eine gleichmäßige Verteilung hoher Gefährdungsmaße deutet daraufhin, daß eine grundlegende Verbesserung nur über eine Änderung der Arbeitsmethode oder des Arbeitsablaufes möglich ist.

Die Höhe der Gefährdungskennzahl kann bei der Betrachtung eines Gefährdungssystems keine weiterführenden Aussagen liefern. Erst im Vergleich mit einem ähnlichen Gefährdungssystem oder nach einer Veränderung des untersuchten Systems (z.B. nach der Wirkungskontrolle) könnten entsprechende Rückschlüsse gezogen werden.

5.2 Vergleich verschiedener Tätigkeiten

In einem weiteren Vergleich sollen nun Ergebnisse anderer Gefährdungssysteme herangezogen werden. Für die Tätigkeiten: Reifen entladen, Anästhesist (Bronchographie), Paspeltasche herstellen und Kalanderführer werden in Abbildung 8 die Mittelwerte der Gefährdungsmaße gegenübergestellt.

Ähnlich wie bei der manuellen Tätigkeit Reifen entladen wird der Anästhesist während einer Bronchographie durch wenige aber deutlich ausgeprägte Gefährdungen belastet. Während der Anästhesist stärker Erkrankungsrisiken (z.B. Gefahrstoffen, Strahlung) ausgesetzt ist, liegen beim Reifen entladen Schwerpunkte bei den mechanischen Energien und in der Kombination Klima mit schwerer

40   5 DARSTELLUNG DER AUSWERTUNGSMÖGLICHKEITEN

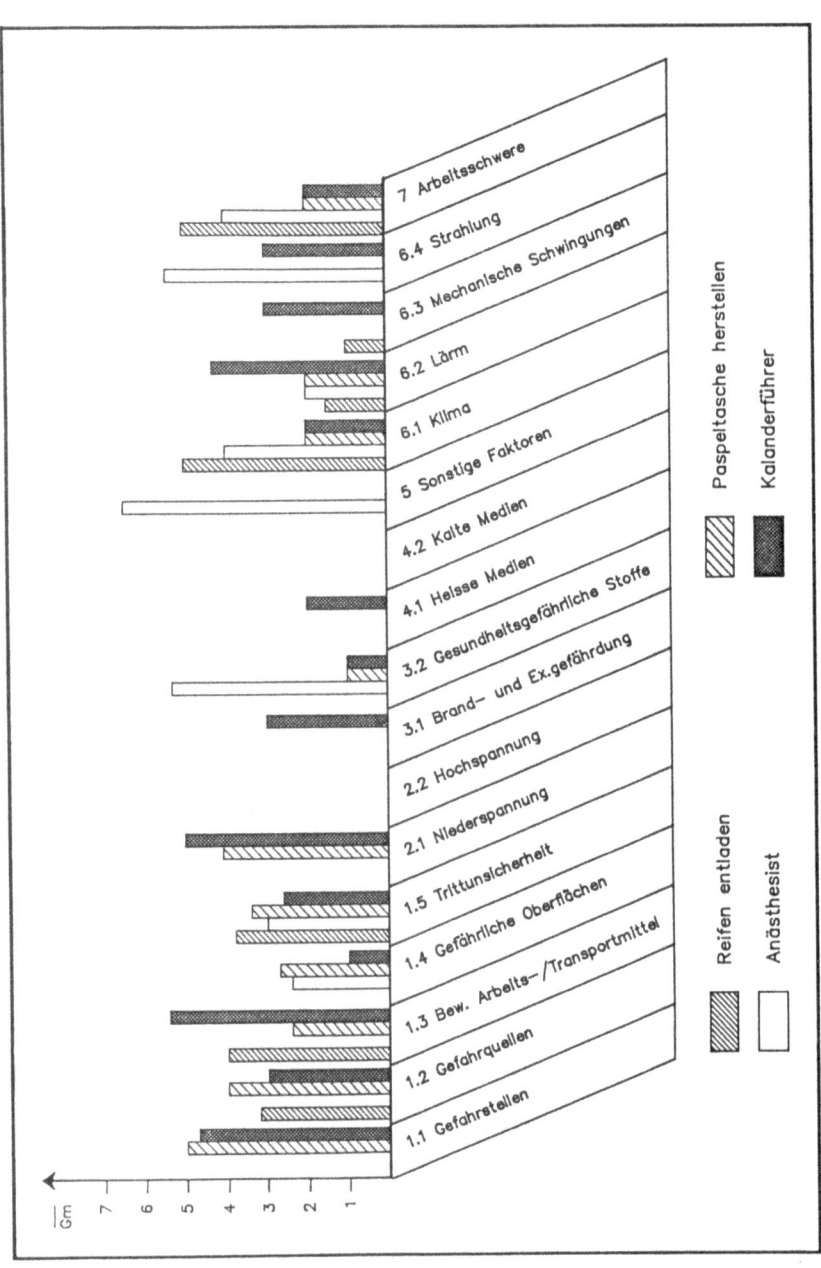

Abbildung 8: *Gegenüberstellung der Gefährdungsmaße einiger Tätigkeiten*

körperlicher Arbeit. Die relativ geringe Anzahl der Gefährdungen läßt sich vor allem auf die wenigen eingesetzten Arbeits- und Hilfsmittel zurückführen.

Anders stellt sich die Gefährdungssituation beim Herstellen der Paspeltasche und dem Kalanderführer dar. Die vollständige Besetzung der Gefährdungsfaktoren aus dem Bereich der mechanischen Energien verdeutlicht, daß hier eine maschinengebundene Tätigkeit vorliegt. Weiterhin bemerkenswert ist die Breite der Gefährdungsmöglichkeiten beim Kalanderführer; bis auf wenige Ausnahmen wurden für alle Gefährdungsfaktoren auch Gefährdungen ermittelt.

Sollen aus diesen Gegenüberstellungen Schwerpunkte ermittelt werden, so sind zwei Kriterien heranzuziehen:

1. Hohe Ausprägungen einzelner Gefährdungen

2. Gefährdungsfaktoren, die in allen Gefährdungssystemen auftreten

An dem dargestellten Beispiel lassen sich kaum eindeutige Schwerpunkte ermitteln. Das hängt natürlich sehr stark damit zusammen, daß hier sehr unterschiedliche Tätigkeiten gegenübergestellt wurden.
Werden Gefährdungssysteme aus gleichen oder ähnlichen Arbeitsbereichen zusammengefaßt, so sind die Schwerpunkte deutlicher zu erkennen.

5.3 Nutzungsmöglichkeiten der Daten

Abschließend sollen in einem Überblick die Nutzungsmöglichkeiten der Daten dargestellt werden. Die Sicherheitsanalyse ermittelt Daten, die für verschiedene betriebliche Fachabteilungen wichtige Informationen liefern:

- Betrieblicher Arbeitsschutz

    - Ermittlung von Gefährdungen in Mensch-Maschine-Umwelt-Systemen und betrieblichen Gefährdungsschwerpunkten, damit gewinnt die Unfallverhütung Vorrang vor der formalisierten Unfallbearbeitung

    - Erweiterung des etablierten Arbeitsschutzes um arbeitsorganisatorische und arbeitspsychologische Aspekte

    - Ergänzung der Unfallberichte um die Angabe der Verletzungsursachen und Randbedingungen

- Betriebsärztlicher Dienst

  - Erkennen von Belastungsschwerpunkten und Einsatz als Erfassungsgrundlage für epidemiologische Studien
  - Nutzung der Gefährdungsmaße für gezielte arbeitsmedizinische Betreuung und Überwachung gesundheitsgefährdender Arbeitsplätze
  - Verbreiterung arbeitsmedizinischer Aktivitäten zur Erkennung verursachender Faktoren von Erkrankungen und Beeinträchtigungen

- Einkauf

  - Gezieltes Ansprechen bestimmter Hersteller auf nicht sicherheitsgerechte Gestaltung gelieferter Produkte
  - Einbringen von sicherheitlichen Forderungen in die Anforderungsliste

- Funktionsübergreifend

  - Einsatz als Schulungsunterlage zur regelmäßigen Sicherheitsunterweisung
  - Unterlage zur Ausbildung von Sicherheitsbeauftragten
  - Zusammenhänge zwischen Belastungen, erschwerenden Bedingungen und Unfällen herausarbeiten
  - Erstellung von Belastungs- bzw. Gefährdungskatastern
  - Entwerfen von Gestaltungskatalogen (z.B. für Konstrukteure und Arbeitsplaner)

Ein flächendeckender, routinemäßiger Einsatz der Sicherheitsanalyse, der zwar im Sinne einer vorbeugenden Gefährdungsermittlung notwendig wäre, wird zur Zeit – auch wegen fehlender organisatorischer Voraussetzungen – nicht realisierbar sein. Zunächst muß daher eine Anwendung auf Schwerpunktbereiche beschränkt werden.

Teil II

Erläuterung und Begründung der Gefährdungsfaktoren

1 Mechanische Energien

Mechanische Energien entstehen durch die Bewegung eines massebehafteten Gegenstandes oder durch die Bewegung von Menschen. Damit wird gleichzeitig die erste Strukturierungshilfe für den Bereich der mechanischen Energien deutlich: Mechanische Energien können in einen Unfall sowohl durch den auslösenden Gegenstand als auch durch Menschen eingebracht werden (vgl. Abbildung 9). Die

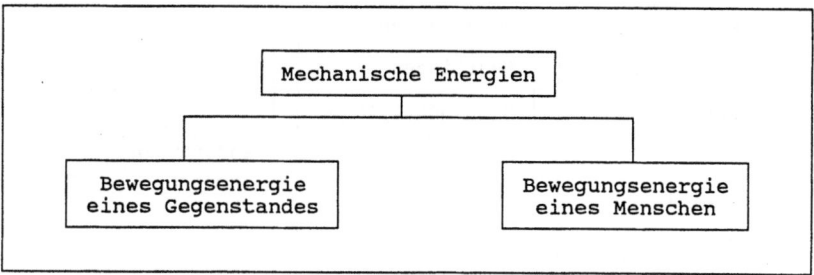

Abbildung 9: *Grobstruktur mechanischer Energien*

Bewegungsenergie eines Gegenstandes kann weiter unterteilt werden in die Bewegung ganzer Maschinen, Anlagen oder Transportmittel, in planmäßige und in freie Bewegungen; wobei planmäßige auch als zwangsgeführte Bewegungen einzelner Maschinen- oder Anlagenteile (mechanisch bewegte Elemente) bezeichnet werden. Freie Bewegungen können unkontrolliert oder unplanmäßig von Gegenständen erfolgen (vgl. *Fischer 1983*). Die UVV Kraftbetriebene Arbeitsmittel (VBG 5) unterscheidet in Gefahrstellen (entspricht einer Gefährdung durch zwangsgeführte Bewegungen) und Gefahrquellen. Als Gefahrquellen werden solche Gefährdungen bezeichnet, die durch unkontrollierte, nicht geführte Bewegungen – hervorgerufen durch eine Arbeitsmaschine – entstehen. Es handelt sich hierbei um Teile und Gegenstände, die entweder eine potentielle Energie oder eine Anfangsgeschwindigkeit besitzen. Während die Unterteilung der VBG 5 für den Bereich der Gefahrstellen übernommen werden kann, muß sie für Gefahrquellen erweitert werden, da unkontrollierte Bewegungen z.B. auch von kippenden Teilen, unabhängig von irgendeinem Arbeitsmittel, entstehen können (vgl. Abbildung 10).

In dem Bereich 'bewegte Arbeits- und Transportmittel' entsteht für den Außenstehenden die Gefährdung in der Bewegungsenergie dieser Mittel, für den Fah-

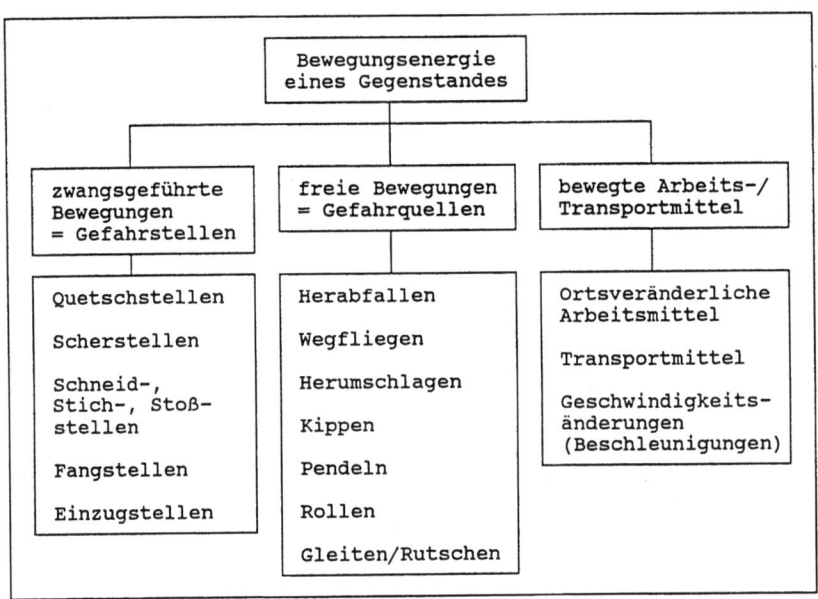

Abbildung 10: *Gefährdungsmöglichkeiten durch gegenstandsgebundene Bewegungsenergien*

renden oder Mitfahrenden verursacht eine gewollte oder ungewollte Geschwindigkeitsänderung die Gefährdung. Als Geschwindigkeitsänderung sind z.B. möglich das Abbremsen vor einer Ampel (gewollte Geschwindigkeitsänderung) oder das Aufprallen auf einen Gegenstand (z.B. Mauer) sowie das Umkippen z.B. infolge überhöhter Geschwindigkeit in einer Kurve (ungewollte Geschwindigkeitsänderung).

Eine Gefährdung durch die Bewegungsenergie des Menschen kann in der Regel nur dann entstehen, wenn weitere Bedingungen erfüllt sind. Gefährdungsfaktoren in diesem Sinne sind die Oberflächenbeschaffenheit und die Trittunsicherheit. (Verletzungen wie die Verstauchung eines Fußes auf ebener Fläche werden dagegen ausgeklammert, da Verletzungen solcher Art nicht vorhersehbar sind.) Die in der Literatur und Praxis häufig genannte Absturzgefährdung stellt einen Teilaspekt der Trittunsicherheit dar; sie unterscheiden sich lediglich in der Fallhöhe, nicht aber in der Ursache (Stolpern über Versorgungsleitungen ist sowohl auf dem Baugerüst als auch auf dem Fußboden möglich). Den entsprechenden Gefährdungsfaktoren sind in Abbildung 11 Teilgefährdungen zugeordnet.

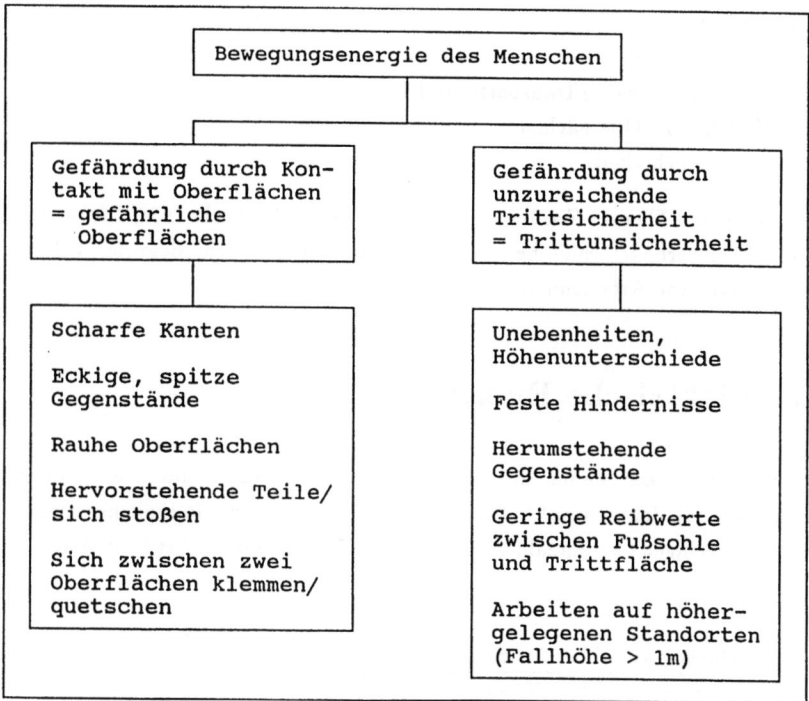

Abbildung 11: *Gefährdungsmöglichkeiten durch die Bewegung des Gefährdeten*

Die Beurteilung von Gefährdungen durch mechanische Energien wird durch die Folgeneinstufung und die Aufenthaltsdauer des Stelleninhabers im Wirkbereich der Gefahr bzw. in unmittelbarer Nähe der Gefahr vorgenommen. Aus diesen beiden Größen wird mit der Gefährdungsmatrix das entsprechende Gefährdungsmaß ermittelt.

Die möglichen Folgen werden primär bestimmt durch den Energieinhalt im Moment des Zusammentreffens von Mensch und Gefahr, dem gefährdeten Körperteil und der Form (Größe, Art, Ausmaß) des verletzungsbewirkenden Gegenstandes bzw. anderer spezifischer Bedingungen (wie z.B. Gestaltung gefährlicher Oberflächen).

Entsprechend den bisherigen Ausführungen werden folgende Gefährdungsfaktoren durch Items abgefragt:

1.1 Gefahrstellen
1.2 Gefahrquellen
1.3 Bewegte Arbeits-/Transportmittel
1.4 Gefährliche Oberflächen
1.5 Trittunsicherheit.

Literatur zum Thema: *Fischer 1983*; *Lawrenz 1986*; *Thiemecke 1988*; *DIN 31 001, Teil 3:* Sicherheitstechnische Maßnahmen an Gefahrstellen, Begriffe; *VBG 5:* Kraftbetriebene Arbeitsmittel.

2 Elektrische Energien

Neuere Statistiken weisen die Gefährlichkeit von Unfällen durch elektrischen Strom erneut deutlich auf. Tabelle 3 vergleicht die Anteile tödlicher Unfälle an der jeweiligen Gesamtzahl von Unfällen einer bestimmten Art (Letalität).

tödlicher Anteil bei Arbeitsunfällen	0,15 %
tödlicher Anteil bei Wegeunfällen	0,6 %
tödlicher Anteil bei Unfällen durch elektrischen Strom	2,5 %

Tabelle 3: *Unfallzahlen für den Bereich 'Elektrische Energien' (vgl. BG der Feinmechanik und Elektrotechnik 1987)*

Die schädigende Wirkung des elektrischen Stromes kann dabei auf unterschiedliche Weise entstehen:

- Berühren von unter Spannung stehenden Teilen und damit durch eine Stromdurchflutung des Körpers

- Annäherung an unter Hochspannung (größer 1000 V) stehende Teile, wenn der Abstand zwischen den stromführenden Teilen und dem Gefährdeten durch einen leitenden Lichtbogen überbrückt wird

- elektrostatische Aufladung des Körpers oder Abfluß statischer Ladungen über den Körper.

Während die ersten beiden Möglichkeiten direkt zu Schäden führen z.B. Verbrennungen oder Störungen des Herz-Kreislauf-Systems, wirken elektrostatische Ladungen mittelbar. Diese von der elektrischen Energie her eher harmlosen Gefährdungen verursachen häufig unkontrollierte Reflexbewegungen und Schreckreaktionen, die dann zu Unfällen führen können (z.B. Stürzen, Zurückschrecken). Bei stärkeren Aufladungen besteht die Möglichkeit, daß sich die Körperhaare aufrichten, so daß sie von Maschinenteilen erfaßt werden können. Außerdem stellen statische Aufladungen Zündquellen in brand- und explosionsfähiger Atmosphäre dar. Aufgrund der begünstigenden Wirkung werden elektrostatische Aufladungen als mittelbarer Faktor 8.1 im Teil B des Gefährdungsregisters aufgenommen.

In der Sicherheitstechnik ist eine Unterscheidung nach 'betriebsmäßig unter Spannung stehenden Teilen' und 'leitenden, aber nicht betriebsmäßig unter Spannung stehenden Teilen' (auch als 'indirektes Berühren' bezeichnet) gebräuchlich. Als indirektes Berühren werden Situationen beschrieben, in denen gewöhnlich nicht unter Spannung stehende Teile durch Installationsfehler oder Defekte in den elektrischen Schutzschaltungen plötzlich doch mit einer Spannung behaftet sind. Da keinem Analysierenden zugemutet werden kann, die gesamte elektrische Anlage nach einem Systemfehler zu untersuchen und weil von der physiologischen Wirkung her eine solche Unterscheidung nicht erforderlich ist, wird auf diese Trennung verzichtet.

Die Unfallfolgen bei einer Stromdurchflutung sind in starkem Maße von folgenden Faktoren abhängig:

- Berührungsspannung

- Gesamtwiderstand (aufgrund des Stromweges im Körper und der Isolationsbedingungen)

- Dauer der Stromeinwirkung.

Zentrale Bedeutung kommt dabei der Berührungsspannung zu. Unterhalb von 50 Volt ist unter normalen Bedingungen nicht mit einer für den Menschen kritischen Durchströmung zu rechnen. Die Verteilung von tödlichen Unfällen bezogen auf die Berührungsspannung in Volt gibt Tabelle 4 wieder.

Es ist deutlich zu sehen, daß zwar der Anteil an Hochspannungsunfällen nur etwa 10 % beträgt, diese aber wesentlich häufiger zum Tode führen.

Spannungshöhe	Anzahl der Unfälle	Anteil der tödlichen Unfälle	
		Anzahl	Letalität (%)
bis 130 V	1563	6	0,4
über 130 V bis 400 V	34399	516	1,5
über 400 V bis 1000 V (bei Gleichspannung bis 1500 V)	1762	25	1,4
Niederspannung insgesamt	37724	547	1,5
über 1 kV bis 20 kV	3154	429	13,6
über 20 kV bis 110 kV	365	57	15,6
über 110 kV bis 400 kV	21	1	4,8
Hochspannung insgesamt	3540	487	13,8
Insgesamt	41264	1034	2,5

Tabelle 4: *Verteilung der Unfälle durch elektrischen Strom auf die Spannungshöhe (BG der Feinmechanik und Elektrotechnik 1987, S. 7)*

Gefährdungen durch Lichtbogeneinwirkungen entstehen, wenn die isolierende Luft durchschlagen wird und damit ein Ausgleich des Spannungspotentials zwischen dem Menschen und den unter Spannung stehenden Teilen stattfindet. Die Folgen sind in solchen Fällen von der Dauer und Intensität der Hitzeeinwirkung abhängig.

Als Gefährdungsfaktoren elektrischer Energien werden abgefragt:
2.1 Berühren unter Spannung stehender Teile
2.2 Arbeiten in der Nähe von unter Hochspannung stehenden Teilen
... Elektrostatische Aufladungen (als mittelbarer Gefährdungsfaktor 8.1).

Bei der Beurteilung einer Gefährdung durch Berühren unter Spannung stehender Teile müssen berücksichtigt werden:
- Höhe der Berührungsspannung
- Übergangswiderstände
- Einwirkdauer.

Das Verfahren enthält entsprechende Hinweise zur Bewertung der Faktoren, die für die Folgeneinstufung erforderlich sind. Gemeinsam mit der Aufenthaltsdauer in unmittelbarer Nähe der Gefahr wird das Gefährdungsmaß aus der Gefährdungsmatrix bestimmt.

Bei Arbeiten in der Nähe von unter Hochspannung stehenden Teilen ergibt sich eine Gefährdung, wenn bestimmte Schutzabstände (abhängig von der Nennspannung) unterschritten werden; dann muß mit tödlichen Folgen gerechnet werden. Unter Berücksichtigung der Aufenthaltsdauer in der Nähe dieser Schutzabstände ergibt sich das Gefährdungsmaß.

Literatur zum Thema: *Bayerisches Staatsministerium für Arbeit und Sozialordnung 1983/1984*; *BG der Feinmechanik und Elektrotechnik 1987*; *Egyptien u.a. 1977*; *Kieback u.a. 1985*.

3 Chemische Energien und Gefahrstoffe

Gefahrstoffe gewinnen immer mehr an Bedeutung. So nehmen sie z.B einen traurigen ersten Rangplatz bei den Anzeigen auf Verdacht einer Berufskrankheit 1986 ein (vgl. *Hauptverband der gewerblichen Berufsgenossenschaften 1987*). Man rechnet heute auf dem Markt mit etwa 50 000 Substanzen, die jährlich um ca. 300 neue ergänzt werden (vgl. *Beyersmann/Hückel 1985*). Neben solchen gesundheitsgefährlichen Stoffen müssen auch explosions- und brandgefährliche Substanzen in einer Gefährdungsermittlung berücksichtigt werden.
Im Gesetz zum Schutz vor gefährlichen Stoffen (Chemikaliengesetz – Chem G) werden folgende Klassifizierungen und Definitionen festgehalten:

1. Stoff:
   ein chemisches Element oder eine chemische Verbindung, nicht weiter be- oder verarbeitet, einschließlich der Verunreinigungen und der für die Vermarktung erforderlichen Hilfsstoffe;

2. Zubereitung:
   ein Gemisch, ein Gemenge oder eine Lösung von Stoffen, nicht weiter be- oder verarbeitet, einschließlich der Verunreinigungen und der für die Vermarktung erforderlichen Hilfsstoffe;

3. gefährlicher Stoff oder gefährliche Zubereitung:
   Stoffe oder Zubereitungen, die

   (a) sehr giftig,
   (b) giftig,

(c) mindergiftig,

(d) ätzend,

(e) reizend,

(f) explosionsgefährlich,

(g) brandfördernd,

(h) hochentzündlich,

(i) leichtentzündlich,

(j) entzündlich,

(k) krebserzeugend,

(l) fruchtschädigend oder

(m) erbgutverändernd sind oder

(n) sonstige chronisch schädigende Eigenschaften besitzen oder die selbst oder deren Verunreinigungen oder Zersetzungsprodukte geeignet sind, die natürliche Beschaffenheit von Wasser, Boden oder Luft, von Pflanzen, Tieren oder Mikroorganismen sowie des Naturhaushalts derart zu verändern, daß dadurch erhebliche Gefahren oder erhebliche Nachteile für die Allgemeinheit herbeigeführt werden.

Gefahrstoffe weisen somit Eigenschaften auf, die Menschen schädigen können. Unter Anwendung der dargestellten Auflistung lassen sich zwei grundsätzliche Schädigungsmöglichkeiten unterscheiden:

3.1 Brand- und explosionsgefährliche (auch entzündliche) Stoffe

3.2 Gesundheitsgefährdende Stoffe.

3.1 Brand- und Explosionsgefährdung

Als Explosionen werden schlagartig ablaufende Verbrennungsvorgänge bezeichnet. Alle brennbaren Stoffe können zur Explosion gebracht werden, wenn sie in fein verteilter Form mit Luft oder Sauerstoff vermischt werden. Dabei sind sowohl die Feinheit der Verteilung als auch das Mischungsverhältnis wichtig.

Brände und Explosionen können nur dann entstehen, wenn folgende drei Faktoren gleichzeitig vorhanden sind:

– brennbarer/explosionsfähiger Stoff

– Zündquelle

– Sauerstoff.

3.2 Gesundheitsgefährdende Stoffe

In der Verordnung über gefährliche Stoffe (Gefahrstoffverordnung – GefStoffV) wird eine Kennzeichnungspflicht gefährlicher Stoffe festgelegt. Die dort angegebene Trennung wird für dieses Verfahren übernommen, da auf diese Weise eine Zuordnung von Stoff und Teilgefährdung auch für Nichtfachleute direkt möglich ist. Es ergeben sich folgende Items:

3.1.1 Explosionsgefährliche Stoffe (gekennzeichnet mit E)
3.1.2 Hochentzündliche Stoffe (gekennzeichnet mit F+)
3.1.3 Leichtentzündliche Stoffe (gekennzeichnet mit F).

Das Gefährdungsmaß wird durch die Folgeneinstufung und die Aufenthaltsdauer im gefährdeten Bereich ermittelt. Für die Folgeneinstufung bildet das Ausmaß einer Explosion bzw. eines Brandes die führende Größe; es ergibt sich aus der Entzündlichkeit bzw. Brennbarkeit des Stoffes und der Konzentration des Stoffes in der Atmosphäre.

3.2 Gesundheitsgefährdende Stoffe

Als gesundheitsgefährdende Stoffe sollen solche Stoffe und Zubereitungen verstanden werden, die Menschen unmittelbar schädigen können.
Abbildung 12 zeigt eine Gliederung dieser Stoffe.

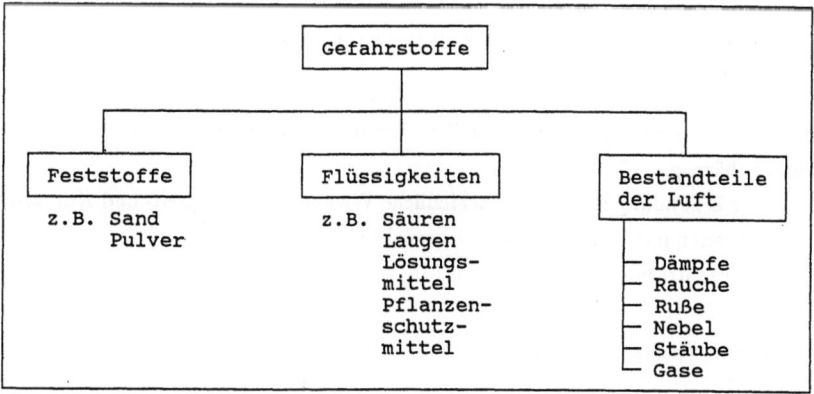

Abbildung 12: *Gliederung der Gefahrstoffe (verändert nach IG Chemie, Papier, Keramik 1987)*

Wie bei den brand- und explosionsgefährlichen Stoffen werden auch hier die Items durch die Kennzeichnungsbestimmungen der GefStoffV strukturiert:

- sehr giftig (gekennzeichnet mit T+)
- giftig (gekennzeichnet mit T)
- gesundheitsschädlich/mindergiftig (gekennzeichnet mit Xn)
- ätzend (gekennzeichnet mit C)
- reizend (gekennzeichnet mit Xi).

Daneben müssen zusätzlich Stäube und Rauche erfaßt werden, die weder toxisch, fibrogen noch karzinogen sind und damit nicht in der obigen Aufzählung enthalten sind. Solche inerten Stäube und Rauche können zu Erkrankungen der Atemwege und zu Schäden der Haut sowie der Schleimhäute führen.
Der Aufnahmeweg von Stäuben führt über die oberen Atemwege in die Lunge; dabei setzen sich große und mittlere Staubteilchen in den Schleimhäuten, im Nasen-Rachen-Kehlkopf-Bereich oder an den größeren Bronchien fest. Gefährlicher ist der lungengängige Feinstaub; er dringt bis in die Alveolen vor und kann dort zu krankhaften Veränderungen des Lungen-Bindegewebes und gar zur Zerstörung der Lungenbläschen führen.
In der 'Technischen Regel für Gefahrstoffe'(TRGS 900) wird der 'Allgemeine Staubgrenzwert' für die Feinstaubkonzentration auf 6 mg/m^3 festgesetzt.

Die schädigende Wirkung eines Gefahrstoffes ist von dessen Gesundheitsgefährlichkeit, Konzentration, Einwirkzeit und von den spezifischen Einwirkbedingungen abhängig.
Bei der Einstufung ist die unterschiedliche Wirkung von Langzeit- und Kurzzeitexpositionen mit Spitzenwerten zu berücksichtigen.
Die Konzentration eines Stoffes wird in

- *ppm* (parts per million, d.h. Teile pro eine Million Teile)
- ml/m^3 (Milliliter pro Kubikmeter) oder in
- mg/m^3 (Milligram pro Kubikmeter) angegeben.

3.2 Gesundheitsgefährdende Stoffe

Die gemessenen Arbeitsplatzkonzentrationen werden mit festgelegten Grenzwerten der entsprechenden Stoffe verglichen. Die Einstufungsgrundlage bilden die jährlich veröffentlichten MAK- und TRK-Werte in der TRGS 900.

„Der MAK-Wert (maximale Arbeitsplatzkonzentration) ist die höchstzulässige Konzentration eines Arbeitsstoffes als Gas, Dampf, oder Schwebstoff in der Luft am Arbeitsplatz, die nach dem gegenwärtigen Stand der Kenntnisse auch bei wiederholter und langfristiger, in der Regel 8-stündiger Exposition, jedoch bei Einhaltung einer durchschnittlichen Wochenarbeitszeit von 40 Stunden...im allgemeinen die Gesundheit der Beschäftigten nicht beeinträchtigt und diese nicht unangemessen belästigt." (TRGS 900).

Technische Richtkonzentrationen (TRK) werden für krebserzeugende und erbgutverändernde Stoffe benannt, für die keine toxikologisch-arbeitsmedizinisch begründeten maximalen Arbeitsplatzkonzentrationen aufgestellt werden können. „Unter der Technischen Richtkonzentration (TRK) eines gefährlichen Arbeitsstoffes versteht man diejenige Konzentration als Gas, Dampf oder Schwebstoff in der Luft, die als Anhalt für die zu treffenden Schutzmaßnahmen und die meßtechnische Überwachung am Arbeitsplatz heranzuziehen ist...Die Einhaltung der Technischen Richtkonzentrationen am Arbeitsplatz soll das Risiko einer Beeinträchtigung vermindern, vermag dieses jedoch nicht vollständig auszuschließen." (TRGS 900).

MAK- und TRK-Werte gelten somit nur für Stoffbestandteile der Luft. Für feste und flüssige Stoffe müssen andere Kriterien gebildet werden, z.B. Konzentration des Stoffes in einer neutralen Flüssigkeit, Verdünnung oder Mischungsverhältnis. Insgesamt ergeben sich folgende Teilgefährdungen:

3.2.1 Sehr giftige Stoffe
3.2.2 Giftige Stoffe
3.2.3 Mindergiftige Stoffe
3.2.4 Ätzende Stoffe
3.2.5 Reizende Stoffe
3.2.6 Inerte Stäube und Rauche.

Die Bewertung dieser Gefährdungen erfolgt anhand ihrer Konzentration im Verhältnis zu dem festgelegten Grenzwert. Da die Grenzwerte entweder von einer Aufenthaltsdauer von 8 Stunden ausgehen oder bei Spitzenexpositionen bereits die Expositionszeit berücksichtigen, können die Gefährdungsmaße direkt bestimmt werden. Dazu ist im Verfahren eine spezielle Einstufung vorgesehen.

Literatur zum Thema: *IG Chemie-Papier-Keramik 1987*; *Vorschriften:* Chemikaliengesetz; Gefahrstoffverordnung; Technische Regeln für Gefahrstoffe: TRGS 401, TRGS 402, TRGS 403, TRGS 900.

4 Thermische Energien

Grundsätzlich werden zwei Einwirkungsmöglichkeiten thermischer Energien auf Menschen unterschieden:

- Aufwärmung des Körpers durch wärmere Umgebung oder Gegenstände
- Entwärmung/Auskühlung des Körpers durch kältere Umgebung bzw. Gegenstände.

Diese Einwirkungen entstehen durch Wärmestrahlung, aktive Berührung oder Getroffenwerden von flüssigen, festen oder gasförmigen Stoffen (im folgenden als Medien bezeichnet). Das aktive Berühren und das Getroffenwerden weisen gleiche Wirkungscharakteristika auf und werden daher unter dem Begriff 'Direkter Kontakt' zusammengefaßt.

Treten Pole unterschiedlicher Temperaturen auf, so fließt eine Strahlung immer vom wärmeren zum kälteren Pol, d.h. durch kalte Medien in der Umgebung des Menschen wird dem Körper Wärme entzogen (Abstrahlung), heiße Medien führen Wärme zu. Eine weitere Teilgefährdung neben dem direkten Kontakt stellt daher die Wärmestrahlung (Aufnahme oder Abstrahlung) dar.

Um Überschneidungen in der Bewertung zu den im Arbeitsumgebungsfaktor Klima ermittelten Gefährdungen zu vermeiden, werden hier nur solche Strahlungsintensitäten berücksichtigt, die direkt Schädigungen hervorrufen können. Solche direkten Schädigungen sind nur durch sehr energiereiche Bestrahlungen des Körpers möglich. Eine Auskühlung des Körpers infolge einer Wärmeabstrahlung tritt erst nach längerer Exposition ein und wird damit im Gefährdungsfaktor 6.1 'Klima' erfaßt.

Als Gefährdungsfaktoren werden aufgeführt:
4.1   Heiße Medien
4.2   Kalte Medien.

4.1 Heiße Medien

In dem Gefährdungsfaktor 'Heiße Medien' werden zwei Items abgefragt.
Bei einem 'Direkten Kontakt mit heißen Medien' (Item 4.1.1) werden die Folgen bestimmt durch:
- Temperatur der Berührungsfläche
- Größe des Wärmestromes
- betroffenes Körperteil
- Größe der gefährdeten Körperoberfläche.

Als Orientierungshilfe für die Einstufung der Folgen enthält das Verfahren eine Abbildung, aus der der Grad der Verbrennung in Abhängigkeit von Berührungstemperatur und Einwirkzeit bestimmt werden kann. Aus der Gefährdungsmatrix kann dann unter Berücksichtigung der Aufenthaltsdauer in unmittelbarer Nähe der Gefahr das Gefährdungsmaß ermittelt werden.

Die Gefährdung bei einer 'Bestrahlung' (Item 4.1.2) hängt ab von:
- Bestrahlungsstärke
- Einwirkzeit der Bestrahlung
- Größe der Abstrahlfläche (möglicher abstrahlbarer Wärmestrom)
- bestrahltes Körperteil.

Weitere Beurteilungsgröße ist die Dauer, bei der eine Bestrahlung möglich ist. Aus der Gefährdungsmatrix wird mit den beiden Beurteilungsgrößen das Gefährdungsmaß bestimmt.

4.2 Kalte Medien

Der Gefährdungsfaktor 'Kalte Medien' wird – wie bereits erläutert – nur durch das Item 'Direkter Kontakt mit kalten Medien' beschrieben. Die Bewertung erfolgt analog zu Item 4.1.1 'Direkter Kontakt mit heißen Medien'.

Literatur zum Thema: *Skiba 1979*; *Wenzel/Piekarski 1984*; *DIN 33403, Teil 3: Klima am Arbeitsplatz und in der Arbeitsumgebung, Beurteilung des Klimas im Erträglichkeitsbereich*.

5 Sonstige Faktoren

Der Anspruch, eine vollständige Auflistung möglicher Gefährdungsfaktoren darzustellen, ist kaum zu erfüllen; zu vielfältig sind die Gefährdungsmöglichkeiten und Bedingungen, die gefährliche Situationen beschreiben. Um die Anzahl der aufgeführten Gefährdungen überschaubar zu halten, bietet es sich an, sehr selten oder nur in wenigen Bereichen auftretende Faktoren lediglich im Bedarfsfalle aufzunehmen.

Beispielhaft werden einige weitere Gefährdungen aufgezählt:
5.1 Infektionsgefährdung
5.2 Gefährdung durch andere Menschen
5.3 Gefährdung durch Tiere
5.4 Arbeiten in Über-/Unterdruck
5.5 Gefährdung durch Flüssigkeiten.

Im Bedarfsfalle ist diese Auflistung unter Gefährdungsfaktor 5.6 zu erweitern. Die Bewertung muß analog zu den spezifischen Bedingungen das Folgenausmaß und die Aufenthaltsdauer im Wirkbereich der Gefahr berücksichtigen. Das Gefährdungsmaß wird aus der Gefährdungsmatrix abgeleitet.

Literatur zu den Themen: *Kulka u.a. 1980.*

6 Arbeitsumgebungsfaktoren

Die Arbeitsumgebungsfaktoren (AUFen) weisen im Gegensatz zu den energetischen Faktoren andere Wirkungscharakteristika auf. Hohe Überschreitungen der Grenzwerte können – entsprechend der Definition eines Arbeitsunfalles vergleichbar den energetischen Faktoren – zu Unfällen führen (z.B. können einmalige Schalldruckpegel über 120 dB zur Trommelfellzerstörung führen oder kurzzeitige Äquivalentdosen über 2 Sv haben in der Regel den akuten Strahlentod zur Folge). Langfristige Expositionen mit nur geringen Überschreitungen der Grenzwerte führen in vielen Fällen zu (chronischen) arbeitsbedingten Gesundheitsschäden oder Berufskrankheiten; hier sei auf Lärmschwerhörigkeit, degenerative Gelenkveränderungen infolge Schwingungseinwirkung und Lungenerkrankungen wie Silikose oder Asbestose verwiesen. Aber selbst bei Unterschreitung der Schädigungsgrenzwerte können die AUFen Gefährdungen darstellen; solche Abweichungen können die Arbeitsausführung erschweren, behindern oder wirken belästigend.

In der Arbeitswissenschaft wird im allgemeinen der Bereich der AUFen wie folgt strukturiert:
- Beleuchtung
- Gefahrstoffe
- Klima
- Lärm
- Mechanische Schwingungen
- Strahlung.

Die gesundheitsgefährdenden Stoffe als Gefahrstoffe wurden aus Gründen der Übersichtlichkeit in den gleichnamigen Faktorbereich (Chemische Energien/Gefahrstoffe) aufgenommen und werden somit parallel zu den brand- und explosionsgefährlichen Stoffen abgefragt. Dies erscheint sinnvoll, zumal es Stoffe und Zubereitungen gibt, die sowohl brand- bzw. explosionsgefährlich als auch gesundheitsschädlich sein können.

Die anfangs geäußerten Wirkungsmöglichkeiten treffen nicht auf alle AUFen zu: Beleuchtungsmängel können keine akuten Schädigungen hervorrufen. Die Wirkung von Beleuchtungsmängeln auf die Befindenslage wird in der Wissenschaft kontrovers diskutiert. Unumstritten ist jedoch, daß Beleuchtung als mittelbarer Faktor eine wesentliche Einflußgröße im Unfallgeschehen darstellt. Da eine unmittelbare Gefährdung durch Beleuchtungsmängel nicht nachweisbar ist, wird Beleuchtung als mittelbarer Faktor 8.2 im Teil B des Gefährdungsregisters aufgenommen.

Für einige AUFen wurden spezielle Gefährdungsmatrizen entwickelt. Sie orientieren sich an den Gefährdungsmaßen der allgemeingültigen Matrix, enthalten jedoch für den entsprechenden AUF spezifische Bedingungen. Damit wird die Standardisierung und Reliabilität des Verfahrens erheblich erhöht. Allerdings kann nicht für alle Faktoren eine solche Matrix vorgegeben werden, da in einigen Bereichen (dies gilt vor allem für den AUF Strahlung) noch keine ausreichenden Kenntnisse vorliegen. In diesen Fällen bestimmen Intensität und Expositionsdauer im Verhältnis zu festgelegten Grenzwerten das Gefährdungsmaß.

Die Erfassung der AUFen kann sowohl arbeitsablauf- als auch schichtbezogen erfolgen. Es ist im Einzelfall zu entscheiden, welcher Zeitmaßstab angewendet werden muß. Die Beurteilung sollte sich an der Gleichmäßigkeit der Belastung orientieren: annähernd gleichbleibende Belastungen können über eine Schicht gemittelt werden, während beim Auftreten von Spitzenbelastungen keine Mittelwertbildung erfolgen darf, sondern die Beurteilung arbeitsablaufbezogen vorgenommen werden muß.

Es werden folgende AUFen abgefragt:
6.1 Klima
6.2 Lärm
6.3 Mechanische Schwingungen
6.4 Strahlung
... Gefahrstoffe (als unmittelbarer Gefährdungsfaktor 3.2)
... Beleuchtung (als mittelbarer Gefährdungsfaktor 8.2).

6.1 Klima

Unter dem Begriff Klima wird die Zusammenfassung aller Klimaelemente verstanden, die den Menschen bei der Arbeitsausführung mehr oder weniger beeinflussen können. Ein einzelnes Klimaelement sagt nur wenig über die Erträglichkeit eines Arbeitsklimas aus. Die Lufttemperatur stellt zwar eine Leitkomponente dar, darf aber nicht allein zur Beurteilung herangezogen werden. Es müssen zusätzlich die relative Luftfeuchtigkeit, die Luftgeschwindigkeit, die Wärmestrahlung, die Bekleidung sowie die Arbeitsschwere berücksichtigt werden.

Klimabedingungen können sowohl durch Abweichungen vom Behaglichkeitsbereich nach oben (Arbeiten in warmer/heißer Umgebung) als auch nach unten (Arbeiten in kühler/kalter Umgebung) beeinflussend wirken.

6.1.1 Arbeiten in warmer/heißer Umgebung

Es gibt Verfahren, die aus den Einzelelementen einen einzigen Zahlenwert bilden. Diese Klimasummenmaße, wie z.B. die Effektivtemperatur nach Yaglou, sind jedoch umstritten, denn sie berücksichtigen alle Einflußgrößen mit gleicher Gewichtung. Folgende Tabelle soll dies verdeutlichen; eine Effektivtemperatur

6.1 Klima

von 30 °C_{eff} kann sich unterschiedlich zusammensetzen, Tabelle 5 zeigt einige der vielen Möglichkeiten.

Lufttemperatur in °C	32	35	35	40	40	45	45
Feuchttemperatur in °C	31	28,5	29,5	26	27	23	26
Luftgeschwindigkeit in m/s	1,0	0,5	1,0	0,5	1,0	0,5	1,0
relat. Luftfeuchtigkeit in %	95	63	65	33	38	14	22
Effektivtemperatur in °C$_{eff}$	30	30	30	30	30	30	30

Tabelle 5: *Mögliche Kombinationen für eine Effektivtemperatur von 30 °C_{eff}*

Die großen Differenzen z.B. der Lufttemperatur bei gleichbleibender Effektivtemperatur machen deutlich, daß die Effektivtemperatur als einziger Parameter keine geeignete Beurteilungsgröße darstellt.

Auch die allgemeine Komfort-Gleichung (vgl. *Fanger 1972*) bietet in diesem Zusammenhang keine Lösungsmöglichkeiten, da sich diese auf den Behaglichkeitsbereich bzw. auf geringe Abweichungen vom Behaglichkeitsbereich und nicht auf Erträglichkeitsgrenzen bezieht.

Andere Klimasummenmaße wiederum sind ausschließlich auf den Erträglichkeitsbereich ausgerichtet und können keine Aussagen zum Behaglichkeitsbereich liefern, wie der Wet-Bulb-Globe Temperatur Index, der Predicted Four-Our Sweat-Rate Index oder der Heat Stress Index (vgl. *Wenzel/Pikarski 1984*).

Es bietet sich somit an, auf die Einzelelemente als Beurteilungsgrößen zurückzugreifen, zumal für sie weitgehend gesicherte arbeitswissenschaftliche Erkenntnisse vorliegen.

Der menschliche Organismus ist auf eine in engen Grenzen um 37 °C schwankende Kerntemperatur (Gehirn, Brust-, Bauchraum) angewiesen, da alle körperlichen, chemischen und physikalischen Funktionen nur ablaufen können, wenn diese Bedingung erfüllt ist.

Die Kerntemperatur wird daher vom Körper automatisch geregelt, um den Ablauf der wichtigsten Lebensprozesse zu gewährleisten. Der Körper kann jedoch die Kerntemperatur nur dann konstant halten, wenn die Wärmebilanz ausgeglichen ist, d.h. die durch die Umgebung aufgenommene und die im Körper erzeugte Wärme muß gleich der an die Umgebung abgegebene Wärme sein.

Aus der Wärmebilanz kann abgeleitet werden, daß neben der Lufttemperatur auch die Arbeitsschwere – sie ist ein Maß für die im Körper erzeugte Wärme – als charakterisierende Größe herangezogen werden muß.

Für das Item 'Arbeiten in warmer/heißer Umgebung' müssen neben den führenden Beurteilungsgrößen Lufttemperatur und Arbeitsschwere weitere beeinflussende Klimaelemente berücksichtigt werden:

- relative Luftfeuchtigkeit (es wird nur die Überschreitung des zulässigen Höchstwertes berücksichtigt; eine besonders trockene Luft stellt keine klimatische Belastung dar, sondern begünstigt durch die Austrocknung der Schleimhäute eine Infektionsgefährdung und muß somit in dem Gefährdungsfaktor 5.1 bewertet werden)
- Luftgeschwindigkeit
- Wärmestrahlung.

Die entsprechenden Beurteilungswerte sind in einer Hilfstabelle in Abhängigkeit von der Arbeitsschwere dargestellt. Für die Ermittlung des Gefährdungsmaßes dient die speziell formulierte Gefährdungsmatrix 'Klima'; sie enthält zum einen Abweichungen vom Behaglichkeitsbereich und zum anderen berücksichtigt sie die o.a. beeinflussenden Kriterien.

6.1.2 Arbeiten in kühler/kalter Umgebung

Ähnlich ausformulierte Bewertungshilfen sind für Gefährdungen durch Kälteeinwirkung mangels existierender Erkenntnisse nicht möglich; hier können lediglich einige Orientierungshilfen angeführt werden.

Gegen tiefe Umgebungstemperaturen kann sich der Mensch durch entsprechende Kleidung in vielen Fällen schützen. Allerdings ist wärmende Kleidung häufig schwer und kann die Arbeitsausführung behindern. Darf bei Tätigkeiten keine Bewegungseinschränkung erfolgen oder müssen Kleinteile gehandhabt werden, so sind zumindest Kompromisse notwendig. Kältebedingungen werden häufig unterschätzt; ab +10 °C und langer Einwirkzeit muß bereits bei nicht bedeckter Haut mit einer Gefährdung gerechnet werden.

6.1 Klima

Der erhöhte Wärmebedarf des Körpers in kalter Umgebung kann nur dann erfüllt werden, wenn die Wärmeabgabe an die Umgebung eingeschränkt wird; dies geschieht durch eine Minderdurchblutung von Haut und Extremitäten. Je nach Ausmaß der Minderdurchblutung sind Kälteempfindungen, Kälteschmerzen, aber auch Erfrierungen möglich. Wird der Körper von einer Abkühlung bedroht, so versucht er, die Wärmebilanz durch einen erhöhten Bewegungsdrang auszugleichen; damit sinken gleichzeitig Konzentrations- und Reaktionsfähigkeit. Bevor es jedoch zu gesundheitlichen Schäden kommt, treten deutliche Leistungseinbußen – vor allem in der Geschicklichkeit – auf.

Schädigungen durch kalte Klimabedingungen können als lokale Schädigungen unbedeckter Haut, aber auch – vor allem bei sehr niedrigen Temperaturen – als Auskühlung des Körpers auftreten. Lokale Schädigungen entstehen an unbedeckter Haut wie Extremitäten oder Kopf; dort kommt es infolge enggestellter Blutgefäße zu Sauerstoffmangel und damit zur Gewebeerstickung oder sogar zu einer Durchfrierung mit Zerstörung der Zellstruktur.

Im *Verfahren zur Sicherheitsanalyse* sind Grenzwerte zum einen für lokale Schädigungen als Kombination von Lufttemperatur und Luftgeschwindigkeit und zum anderen für die Gesamtkörperauskühlung enthalten. Nach dem Shiver-Index (zit. in *Forsthoff 1983*) ist die Gesamtkörperauskühlung in erster Linie abhängig von Temperatur und Zeit (vgl. Tabelle 6). Bei leichter Arbeit und guter Schutzkleidung liegt eine Grenzwertkombination bei 6 Stunden und $-12\,°C$. Die Bewertung erfolgt anhand der vorliegenden Bedingungen im Verhältnis zum Grenzwert. Da die Aufenthaltsdauer in den Klimabedingungen und Grenzwerten bereits berücksichtigt ist, können die Gefährdungsmaße direkt bestimmt werden. Dazu ist im Verfahren eine spezielle Einstufung vorgesehen.

Literatur zum Thema: *Hettinger 1980*; *Fanger 1972*; *Forsthoff 1983*; *Wenzel/Piekarski 1984*; *DIN 33403, Teil 3:* Klima am Arbeitsplatz und in der Arbeitsumgebung, Beurteilung des Klimas im Erträglichkeitsbereich.

Temperatur in °C	Expositionszeit bis zum erstmaligen Auftreten des Kältezitterns (Shiver-Index) in h
-12,0	6,0
-17,8	5,0
-23,3	4,0
-28,8	2,5
-34,5	2,0
-40,0	1,6
-56,0	0,4

Tabelle 6: *Werte des Shiver-Index für verschiedene Umgebungstemperaturen (zit. in Forsthoff 1983, S. 25)*

6.2 Lärm

Charakteristische Größe für die Beschreibung der Schädigungswirkung durch Lärm ist der Beurteilungspegel; er wird auf einen 8h-Arbeitstag bezogen.
Grenzwerte als Beurteilungspegel werden z.B. in der UVV Lärm (VBG 121), Arbeitsstätten-Verordnung, in DIN- und ISO-Normen, VDI-Richtlinien sowie IEC-Standards genannt. Damit wird der Beurteilungspegel eindeutig als Bewertungsparameter ausgewiesen.

Nach der UVV Lärm wird die untere Grenze der Gehörschädigungen bei einem Beurteilungspegel von 90 dB angenommen. Medizinisch gesehen gibt es keine kritische Grenze, jenseits derer gesundheitsschädliche Lärmwirkungen plötzlich auftreten. Ein solcher kritischer Pegel liegt individuell verschieden zwischen 80 und 90 dB. Von einem Null-Risiko für Gehörschäden kann laut ISO 1999 bis zu einem Schalldruckpegel von 80 dB ausgegangen werden. Bei Pegeln über 90 dB ist mit deutlich bleibenden Gehörschäden zu rechnen. Lt. VDI 2058 Blatt 2/ISO 1999 kann für Beurteilungspegel und Einwirkungsdauer das Gehörschadenrisiko in Prozent angegeben werden (vgl. Tabelle 7).

Neben der direkten Gehörschädigung kann Lärm auch andere Körperfunktionen beeinflussen. Schon bei geringen Schalldruckpegeln (um 55 dB) treten erste vege-

6.2 Lärm

Dauer der Exposition in Jahren	Alter in Jahren	Gehörschadensrisiko in %				
		Beurteilungspegel in dB(A)				
		80	85	90	95	100
10	30	< 5	< 5	< 5	5	25
	40	< 5	< 5	< 5	10	30
	50	< 5	< 5*	9	21	40
	60	12	16	25	37	54
20	40	< 5	< 5	< 5	17	42
	50	< 5	< 5**	12	28	51
	60	12	17	28	44	65
30	50	< 5	5	13	33	60
	60	13	18	30	47	72
40	60	14	18	31	50	77

*ca. 3 %, ** ca. 4 %

Tabelle 7: *Anteil der Personen, die bei einem bestimmten Pegel und einer Dauer der Geräuschexposition je nach Alter einen Gehörschaden (Hörverlust von 40 dB bei 3 kHz) erhalten (nach ISO 1999). Beispiel: Sind 100 Personen im Alter von 50 Jahren 20 Jahre einer Geräuschimmission von 90 dB ausgesezt, erhalten 12 Personen einen Gehörschaden.*

tative Reaktionen auf, mit steigenden Schalldruckpegeln werden diese deutlicher. In einem Bereich ab 80 dB muß mit stark ausgeprägten vegetativen Reaktionen gerechnet werden. Dazu zählen:

- Herz-/Kreislaufstörungen (z.B. Herzrhythmus-/Durchblutungsstörungen)
- Atembeschwerden
- Verdauungsstörungen
- Pupillenerweiterung (und damit verbunden: schlechtes Tiefenschärfe- und räumliches Sehen, Augen- und Gesichtsfeldeinengung, Ermüdungserscheinungen)

- Herabsetzung des Wahrnehmungsvermögens in der Haut (Verminderung des Tastsinnes).

Somit ergeben sich als Eckwerte für die Einstufung die in Tabelle 8 angegebenen Beurteilungspegel.

ab 55 dB	können vegetative Reaktionen auftreten
unter 80 dB	ist das Risiko für einen Gesundheitsschaden auszuschließen
ab 80 dB	muß mit verstärkten vegetativen Reaktionen gerechnet werden
ab 90 dB	treten deutlich bleibende Gehörschäden auf
ab 120 dB	sind Zerstörungen des Trommelfelles möglich.

Tabelle 8: *Grenzwerte für die Beurteilung einer Lärmexposition*

Störender, belästigender Lärm kann zu Nervosität, Kopfschmerzen oder auch zu einer Verminderung der Konzentrationsfähigkeit und Aufmerksamkeit führen. Wesentliche Faktoren für das Ausmaß der Belästigung sind:

- Höhe des Schalldruckpegels
- Geräusche mit hochfrequenten Anteilen
- kratzende, hart klingende Geräusche ('Trillerpfeifeneffekt')
- Einzeltöne
- wechselnde Lautstärken (in kurzen Zeitabständen)
- Impulsgeräusche, vor allem bei unerwartetem und unregelmäßigem Auftreten.

Belästigungen durch Lärm – unterhalb der Gehörschädigungsgrenze – zählen aufgrund ihrer Verbreitung in der Gesamtbevölkerung zu den wichtigsten Lärmwirkungen. Mit dem Beurteilungspegel wird jedoch die Belästigungswirkung nicht in ausreichendem Maße berücksichtigt; die Lästigkeit muß daher zusätzlich in eine Beurteilung eingehen.
Die speziell formulierte Gefährdungsmatrix 'Lärm' berücksichtigt diese Forderung. Neben Beurteilungspegeln bilden belästigende bzw. begünstigende Kriterien die Matrix; Gefährdungsmaße können somit direkt bestimmt werden.

Lärm kann auch als mittelbare Gefährdung wirksam werden.
Je nach Höhe des Schalldruckpegels und der Frequenzzusammensetzung wird die sprachliche Verständigung beeinträchtigt. Ein schlechtes Verstehen von Signalen kann zur Folge haben, daß

- Informationen nur zum Teil verstanden werden oder ganz verloren gehen
- Signale nicht wahrgenommen werden
- bei Tätigkeiten mit Höraufgaben eine deutliche Leistungsminderung eintritt.

In diesem Zusammenhang sind Mißverständnisse in der Kommunikation und das Überhören von Warnsignalen besonders kritisch zu beurteilen, weil dadurch das Unfallrisiko stark erhöht wird (vgl. mittelbarer Faktor 8.4.1 Signalwahrnehmung).

Literatur zum Thema: *Jungkind/Nohl 1986*; *VBG 121:* Lärm; *DIN 33 410:* Sprachverständigung in Arbeitsstätten unter Einwirkung von Störgeräuschen; *VDI 2058, Blatt 2:* Beurteilung von Arbeits- und Freizeitlärm hinsichtlich Gehörschäden; *VDI 2058, Blatt 3:* Beurteilung von Lärm am Arbeitsplatz unter Berücksichtigung unterschiedlicher Tätigkeiten.

6.3 Mechanische Schwingungen

Der Mensch ist an vielen Arbeitsplätzen mechanischen Schwingungen ausgesetzt; die zunehmende Mechanisierung und Automatisierung wird die Anzahl schwingungsbelasteter Arbeitsplätze weiter ansteigen lassen. Neben der Schwingungseinwirkung auf den gesamten Körper (im Sitzen, Stehen und Liegen) z.B. durch Pressen oder Gabelstapler, können Schwingungen auch über das Hand-Arm-System eingeleitet werden. Diese Form der Einwirkung tritt vor allem bei tragbaren und handgeführten Maschinen (Handbohrmaschinen, Motorsägen, Drucklufthämmer) auf.

Besonders belastende Schwingungen liegen im niederfrequenten Bereich (0,5 Hz bis 100 Hz); hier finden sich Resonanzfrequenzen wesentlicher Körperorgane. Frequenzen über 100 Hz können als sicherheitliche Risiken weitgehend vernachlässigt werden, da der Körper in diesem Bereich eine sehr starke Dämpfung aufweist. Führende Größe bei der Schwingungsbeurteilung ist die Amplitude – also die (spürbare) Stärke einer Schwingung. Darüberhinaus müssen aber weitere Faktoren beachtet werden:

Einwirkrichtung:
Unterschieden werden x-, y- und z-Richtung. Das Verfahren enthält eine Abbildung aus dem die Lage der Richtungen zu erkennen ist.

Zeitlicher Verlauf der Schwingung:
Stellt die Schwingung einen periodischen oder sogar sinusförmigen Verlauf dar, kann der Körper schwingungsdämpfende Reflexe bzw. Verhaltensweisen ausbilden. Auf stochastische Schwingungsereignisse, also ohne periodische Regelmäßigkeit, und auf nicht vorhersehbare kann sich der Mensch nicht einstellen. Letztere wirken somit eher schädigend.

Stoßhaltigkeit:
Ähnlich wie die Impulshaltigkeit bei den Lärmwirkungen, sind hier Stöße in besonderem Maße gesundheitsschädigend. Als Stöße werden im allgemeinen Schwingungsereignisse mit einem Scheitelfaktor größer oder gleich drei bezeichnet.

Schwingungseinwirkung auf den Kopf:
Schwingungseinwirkungen auf den Kopf sind besonders kritisch zu betrachten, da erhebliche Sicherheitsrisiken durch die Beeinträchtigung der Sinneswahrnehmung – vor allem des Sehvermögens – entstehen können; ebenso scheint auch die Verhaltenssteuerung im Gehirn durch Schwingungen beeinflußbar.

Frequenzbereich:
Die gesundheitsschädigende Wirkung von Schwingungen ist auch frequenzabhängig, da der Körper unterschiedliche Dämpfungseigenschaften in Abhängigkeit von Frequenz, Körperhaltung und Einwirkrichtung aufweist.

Für die Beurteilung der Schwingungsbelastung wird die bewerteten Schwingstärke K gebildet. Sie ist meßbar oder – dann allerdings mit großen Unsicherheiten behaftet – über die subjektive Wahrnehmung bestimmbar.

Für die Folgeneinstufung wird die Kombination von K-Wert und Expositionszeit gebildet und einem Wirkungsbereich der Grenzkurvendarstellung (vgl. VDI-Richtlinie 2057 Blatt 3, Entwurf 1979) zugeordnet (im Verfahren ist die entsprechende Abbildung dargestellt)[10]. Neben dieser Grenzkurvenzuordnung, die das Folgenausmaß bezeichnet, müssen beeinflussende Kriterien berücksichtigt werden. Aus der speziell formulierten Gefährdungsmatrix für mechanische Schwingungen können dann die Gefährdungsmaße direkt ermittelt werden.

Literatur zum Thema: *Dupuis 1981*; *Schnauber 1978*; *VDI 2057, Blatt 1 bis Blatt 4.3:* Einwirkung mechanischer Schwingungen auf den Menschen; *VDI 2057, Blatt 3:* Beurteilung der Einwirkung mechanischer Schwingungen auf den Menschen.

6.4 Strahlung

Als Strahlung wird allgemein ein Vorgang bezeichnet, bei dem Energie durch den Raum transportiert wird. Dieser Transport erfolgt durch elektromagnetische Wellenstrahlung oder Teilchenstrahlung (z.B. Protonen-, Elektronen-, Neutronenstrahlung). Strahlung bezeichnet einen sehr breiten Bereich, der aufgrund verschiedener Frequenzen in Strahlungsarten (Spektralbereiche) unterteilt werden kann (vgl. Abbildung 13).

Aufgrund möglicher Schädigungen des Menschen werden folgende Strahlungsarten unterschieden:

- Mikro- und Radiowellen

- Ultrarote Strahlung (auch als Infrarot- oder Wärmestrahlung bezeichnet)

- Sichtbare Strahlung

- Ultraviolette Strahlung

---

[10]In der neuen Ausgabe dieser VDI-Richtlinie von 1987 wird nur noch die Grenzkurve für Gesundheitsbeeinträchtigungen wiedergegeben. Die Grenzkurven für die Bereiche Wohlbefinden und Leistung bleiben unberücksichtigt. Da die SIA auf einer Stufung des Gefährdungspotentiales basiert, wird die ältere Fassung genutzt.

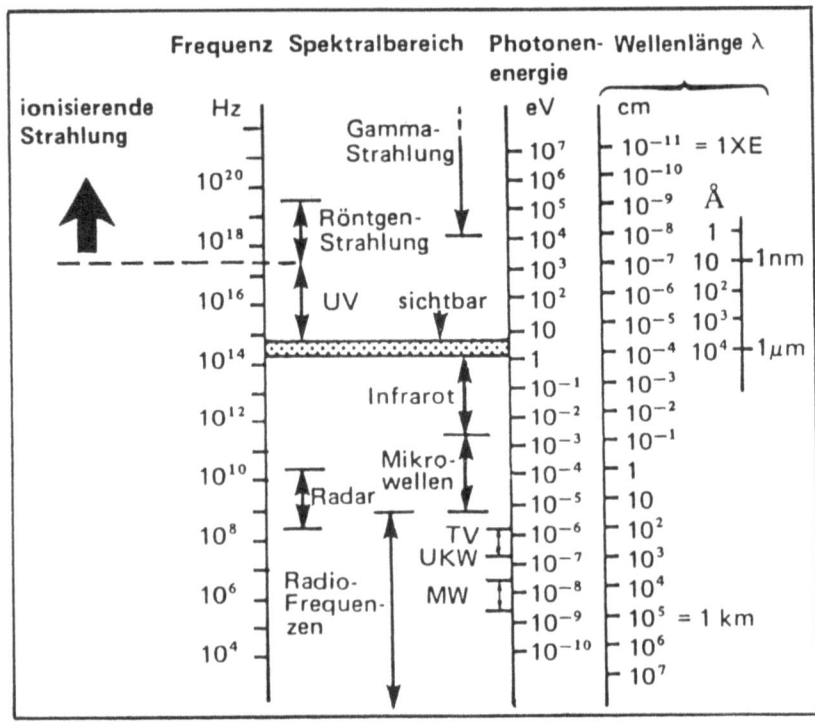

Abbildung 13: *Elektromagnetisches Spektrum mit Angabe der Frequenzen und Wellenlängen (Oehler 1987, S. 180)*

- Gammastrahlung
- Korpuskularstrahlung.

Als Sonderfälle können weiterhin Laser- und Röntgenstrahlung auftreten; sie bezeichnen spezifische Strahlungstypen und können anderen Strahlungsarten zugeordnet werden. So kann die Laserstrahlung im Ultrarotspektrum, im sichtbaren Licht und nach neuester technischer Anwendung auch im Ultraviolettbereich auftreten.

Beide Strahlungstypen müssen bei einer Beurteilung dem jeweiligen Spektrum zugeordnet werden. Beurteilungshilfen sind im Regelwerk bereits verankert, so in der Röntgenverordnung, der VBG 93 'Laserstrahlen' und der DIN VDE 0837 'Strahlungssicherheit von Lasereinrichtungen'.

6.4 Strahlung

Die sichtbare Strahlung als Gefährdungsfaktor 'Beleuchtung' und die Ultrarotstrahlung als Gefährdungsfaktor 'Wärmestrahlung' wurden bereits abgefragt. Die Wärmestrahlung wird zusätzlich im Gefährdungsfaktor 6.1 Klima berücksichtigt. Diese Trennung ist in der Praxis gebräuchlich und soll daher auch hier beibehalten werden.

Wesentliches Unterscheidungskriterium in der Wirkung von Strahlen ist die Ionisationsfähigkeit. Die Trennung von nichtionisierender und ionisierender Strahlung ergibt sich aus der Tatsache, daß ab einem bestimmten Energiebetrag molekulare Bindungen gelöst und Ionenpaare erzeugt werden können (vgl. *Reichel 1985a*). Diese Grenze liegt bei einer Wellenlänge von 100 nm.

Nichtionisierende Strahlung tritt – wie mehrfach nachgewiesen werden konnte – in Form einer Wärmewirkung auf. Über reversible Auswirkungen auf das Zentralnervensystem bestehen unterschiedliche Auffassungen; diese als athermische Wirkung bezeichneten Nervenschädigungen entstehen durch langwellige Strahlen, die tieferliegende Zellen erreichen und dort chemische Umsetzungen bewirken, ohne auf der Haut als Wärmeempfindung registriert zu werden (vgl. *Treier 1973, Kulka u.a. 1980*).

Im Gegensatz dazu wirkt ionisierende Strahlung zellschädigend. Nuklear- und Röntgenstrahlung sind so energiereich, daß sie beim Auftreffen auf Materie (z.B. biologisches Material) Elektronen aus den Atomhüllen herausschlagen können. Dabei werden die Atome positiv geladen; sie tragen elektrisch positive Ladungen, sogenannte Ionen. Wird lebendes Gewebe dieser Strahlungsart ausgesetzt, kommt es zu Veränderungen in Zellen bzw. Zellteilen.

Ionisierende Strahlen werden aufgrund gleicher Wirkungen als ein Item betrachtet. Die UV-Strahlung, zwischen der sichtbaren und ionisierenden Strahlung liegend, wird als ein weiteres Item aufgenommen.
Aus dem langwelligen Bereich werden Radio- (Funk- und Radarstrahlen) sowie Mikrowellen als Items berücksichtigt.

Insgesamt ergeben sich damit folgende Items:
6.4.1   Mikro- und Radiowellen
6.4.2   UV-Strahlung
6.4.3   Ionisierende Strahlung.

Für alle hier genannten Strahlungsarten wurden zwar Grenzwerte festgelegt, doch besteht für diese Festlegung noch kein allgemeiner Konsens. Arbeitsmedizinisch abgesicherte Langzeitstudien (z.B. epidemiologischer Art) liegen noch nicht in ausreichender Anzahl vor; die genannten Grenzwerte beziehen sich daher meist auf akute Schädigungen. Eine Veränderung der Grenzwerte in nächster Zeit erscheint durchaus möglich.

Im folgenden werden – soweit vorhanden – Grenzwerte zur Unterstützung der Beurteilung angegeben; für die Aufstellung spezieller Matrizen reichen die Forschungsergebnisse nicht aus; solche Matrizen würden den Eindruck einer willkürlichen Festlegung vermitteln.

Die Beurteilung für alle Teilgefährdungen erfolgt durch direkte Ermittlung des Gefährdungsmaßes aufgrund der relativen Lage der Beurteilungsgrößen im Verhältnis zu den spezifischen Grenzwerten. Im Verfahren sind entsprechende Einstufungen vorgesehen.

Literatur zum Thema: *Fischer 1985*; *Jansen u.a. 1985*; *Reichel 1985a*; *Siekmann 1986*; *Wachsmann 1986*; *Wiebe 1985*; *DIN VDE 0837*: Strahlungssicherheit von Lasereinrichtungen; *DIN 57848*: Gefährdung durch elektromagnetische Felder; *VBG 93*: Laserstrahlen; *Weitere Vorschriften*: Strahlenschutzverordnung, Röntgenverordnung.

6.4.1 Mikro- und Radiowellen

Mikro- und Radiowellen sind im Frequenzspektrum bis 300 GHz zu finden. Radiowellen treten vor allem in der Nachrichtenübermittlung auf. Sie sind bekannt als Langwellen, Mittelwellen bis hin zu Ultrakurzwellen und TV-Wellen. Mikrowellen – in einem Bereich von 0,3 bis 300 GHz – finden hauptsächlich in solchen Produktionsprozessen Anwendung, bei denen Wärme zugeführt werden muß (z.B. Härten, Löten, Trocknen, Verleimen, Garen); ein weiteres Anwendungsfeld ist die Nachrichtentechnik (z.B. Radar-/Richtfunksender).

Die Bewertung einer Strahlungsintensität – also des Gefährdungspotentials einer Strahlung – erfolgt gewöhnlich anhand der Leistungsdichte (auch als Bestrahlungsstärke oder Dosis bezeichnet) und der Einwirk- bzw. Expositionszeit. In DIN 57848 werden folgende Feldstärken bzw. Ersatzfeldstärken als Beurteilungsgrößen herangezogen:

6.4 Strahlung

- als elektrische Ersatzfeldstärke wird in Teil 1, S. 3 dieser Norm bezeichnet:
  „Vektor, der aus den elektrischen Feldstärken in drei zueinander senkrechten Raumrichtungen, ohne Berücksichtigung der gegenseitigen Phasendifferenzen, gebildet wird."
- als magnetische Ersatzfeldstärke wird auf S. 4 bezeichnet:
  „Vektor, der aus den magnetischen Feldstärken in drei zueinander senkrechten Raumrichtungen, ohne Berücksichtigung der gegenseitigen Phasendifferenzen, gebildet wird."

Für eine Expositionszeit von 6 Minuten und mehr werden – abhängig von der Frequenz – in der DIN 57848 Teil 2, Grenzwerte angegeben; diese sind in Tabellenform im Verfahren enthalten. In Teil 2, S. 3 dieser Norm heißt es: „Bei Überschreitung der hier festgelegten Grenzwerte, als größte zulässige Werte, kann eine Gefährdung von Personen auftreten." Eine 'Gefährdung' im Sinne dieser Norm stellt eine Schädigung von Personen dar. In der DDR-Literatur (vgl. *Kulka u.a. 1980*) werden für den Mikrowellenbereich Grenzwerte angegeben, die um Vielfache niedriger liegen (vgl. Tabelle 9).

tägliche Einwirkzeit	mittlere Leistungsdichte in W/m²
bis zu 8 Stunden	0,1
bis zu 2 Stunden	1,0
bis zu 20 Minuten	10,0

Tabelle 9: *Grenzwerte für den Mikrowellenbereich aus der DDR-Literatur*

6.4.2 Ultraviolette Strahlen

UV-Strahlen liegen im Spektralbereich zwischen dem sichtbaren Licht und der ionisierenden Strahlung und damit in einem Wellenlängenbereich von 100 nm bis 380 nm.
Die UV-Strahlung wird in drei Bereiche unterteilt:

UV-A: 315 nm – 380 nm
UV-B: 280 nm – 315 nm
UV-C: 100 nm – 280 nm

Im UV-A Bereich treten gewöhnlich keine Gefährdungen auf; Ausnahme bildet der Umgang mit sehr hohen Bestrahlungsstärken wie z.B. bei der Anwendung der UV-A Lasertechnik. Schädigungsmöglichkeiten bestehen in der irreversiblen Trübung der Augenlinse.

Ebenso unschädlich sind Wellenlängen unter 200 nm. Diese Strahlung kann bereits in der Luft absorbiert werden.

In dem UV-B und in Teilen des UV-C Bereiches bestehen Schädigungsmöglichkeiten von Haut und Augen; so können Bindehaut- und Hornhautentzündungen das Auge und Verbrennungen die Haut (Sonnenbrand) schädigen; diese reversiblen Schäden sind meist nach wenigen Tagen abgeklungen. Ständige oder wiederholte Bestrahlung der Haut mit UV-B und UV-C Strahlen wirken jedoch krebsfördernd (vgl. *Fischer 1985*).

Als Beurteilungsgröße wird die effektive Bestrahlungsstärke (E_{eff} in W/m^2) in Verbindung mit der Expositionszeit herangezogen. Werden beide Größen zusammengefaßt, erhält man die effektive Bestrahlung (H_{eff} in J/m^2).

Die Strahlenwirkung ist sehr stark von der Frequenz abhängig (vgl. Abbildung 14). Ein allgemeingültiger Grenzwert für den gesamten UV-Bereich existiert daher nicht. Treten nur diskrete Frequenzen auf, so können die in Tabelle 10 aufgeführten Grenzwerte der Bestrahlung zur Beurteilung herangezogen werden. Die angegebenen Grenzwerte dienen dem Schutz vor akuten Schädigungen innerhalb einer Arbeitsschicht; für langfristige Expositionen bestehen noch keine Grenzwerte.

Bei kontinuierlichen Spektren – wie sie in den meisten Fällen vorliegen – werden die Einzelwerte additiv zu der effektiven Bestrahlungsstärke zusammengefaßt:

$$E_{eff} = \sum_{\lambda=200}^{315} * E_\lambda * s_\lambda * \Delta\lambda \qquad (1)$$

E_{eff}: effektive Bestrahlungsstärke in $\mu W/cm^2$ oder in W/cm^2

E_λ: gemessene spektrale Bestrahlungsstärke in $\mu W/(cm^2 * nm)$ oder in $W/(m^2 * nm)$

6.4 Strahlung

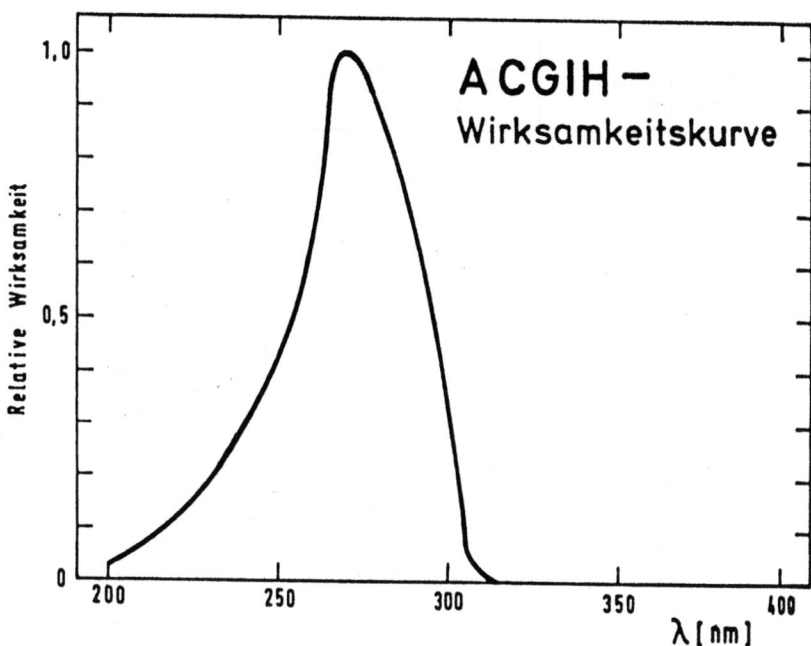

Abbildung 14: *Von der ACGIH empfohlene spektrale Wichtung von Strahlung im UV-B und UV-C Bereich (Siekmann 1986, S. 178)*

s_λ: relative spektrale Wirksamkeit (dimensionslos) (vgl. Abbildung 14)

$\Delta\lambda$: Bandbreite des Berechnungs- oder Meßintervalls in nm

„Durch Gleichung (1) wird die Strahlung bei verschiedenen Wellenlängen unterschiedlich gewichtet. Das Bild [vgl. Abbildung 14] zeigt die Wichtungsfunktion s_λ (λ). Die Wichtungsfunktion ist so gewählt, daß sie sowohl die spektrale Wichtungsfunktion für Augenschädigungen als auch die davon etwas abweichende für Hautschädigungen umfaßt. Das Maximum liegt bei 270 nm, der Wellenlänge, bei der das Auge gegenüber UV – Strahlung am empfindlichsten ist."(*Siekmann 1986, S. 178*).

Im Verfahren werden maximal zulässige effektive Bestrahlungsstärken in Abhängigkeit von der Expositionszeit tabellarisch aufgeführt.

Wellenlänge in nm	Bestrahlung in J/m²	relative Wirksamkeit
200	1.000	0,030
210	400	0,075
220	250	0,120
230	160	0,190
240	100	0,300
250	70	0,430
254	60	0,500
260	46	0,650
270	30	1,000
280	34	0,880
290	47	0,640
300	100	0,300
305	500	0,060
310	2.000	0,015
315	10.000	0,003

Tabelle 10: *Grenzwerte für die zulässige UV-Bestrahlung am Arbeitsplatz bezogen auf eine Arbeitsschicht (Siekmann 1986, S. 178)*

Beim Auftreten von UV-Strahlen müssen zusätzliche Gefährdungen berücksichtigt werden:

- eine mögliche Aufnahme photosensibilisierender Stoffe aus der Umgebung (sie würden die Strahlenwirkung deutlich verstärken)

- die Erzeugung von Ozon in der Atemluft durch starke UV-Strahlung (hier ist eine wirksame Absaugung erforderlich)

- die Eigenschaft von UV-Strahlen, chlorierte Entfettungsmittel (z.B. Trichloräthylen, Perchloräthylen) in Phosgen umzuwandeln.

6.4.3 Ionisierende Strahlen

Oberhalb des UV-Bereiches schließt sich die ionisierende Strahlung an. Im Spektrum der elektromagnetischen Wellen liegen dort die Röntgen- oder Gamma-

6.4 Strahlung

strahlen; darüberhinaus wird die Teilchen- oder Korpuskularstrahlung, die keine elektromagnetischen Wellen darstellt, dem Bereich der ionisierenden Strahlung zugeordnet. Tabelle 11 enthält eine Übersicht über Arten ionisierender Strahlen.

	Entstehung/Erzeugung	Durchschnittliche Reichweite in Luft/Gewebe	Abschirmung
Korpuskularstrahlung			
Alpha-Strahlung: Zweifach positiv geladene Heliumkerne	Zerfall radioaktiver Isotope/Beschleuniger	Mehrere Zentimeter/ mehrere Mikro- bis Millimeter	Papierblätter
Beta-Strahlung: Schnelle negativ geladene Elektronen	Zerfall radioaktiver Isotope/Röhren und Beschleuniger	Mehrere Meter/mehrere Millimeter bis Zentimeter	Plexiglas
Neutronenstrahlung: Ungeladene Neutronen	Zerfall radioaktiver Isotope/Kernreaktor und Beschleuniger	Bis mehrere 100 m/ mehrere Zenti- bis Dezimeter	Wasser/Beton
Elektromagnetische Strahlung			
Röntgenstrahlung	Röntgenröhre und Beschleuniger	Unbegrenzt/mehrer Zenti- bis Dezimeter	Blei
Gammastrahlung	Zerfall radioaktiver Isotope	Unbegrenzt/mehrere Zenti- bis Dezimeter	Blei

Tabelle 11: *Arten ionisierender Strahlen (Wiebe 1985, S. 268)*

Bei der Betrachtung von Strahlenschäden werden zwei Möglichkeiten unterschieden:

1. Abtötung von Zellen (nichtstochastische Schäden)

2. Mutationen oder Transformationen von Zellen (Veränderung von Genen und Chromosomen als stochastische Schäden)

Nichtstochastische (nicht zufällige) Schäden treten bei Überschreiten eines Schwellenwertes auf. Relativ hohe Dosen können Hautverbrennungen, Veränderungen des Blutbildes und die akute Strahlenkrankheit hervorrufen. Bei gleicher Dosis ist nach einer Ganzkörperbestrahlung die Schädigung höher als nach einer Teilkörperbestrahlung. Auch die Bedeutung der bestrahlten Organe bzw. des bestrahlten Gewebes für den Gesamtorganismus spielt bei den Auswirkungen eine Rolle; so sind z.B. Keimdrüsen ungefähr sechsmal empfindlicher als Haut (vgl. *Jansen u.a. 1985*). Kinder und Jugendliche sind besonders gefährdet, weil das Wachstum von Knochenmark und Gewebe gestört werden kann. Nichtstochastische Schäden wurden auch bei Neugeborenen nach einer Bestrahlung im Mutterleib festgestellt. Als Spätschaden dieser Strahlungsarten ist vor allem der Strahlenstar, eine Trübung der Augenlinse, bekannt.

Die Schwellendosis für nichtstochastische Schäden ist abhängig von der Art des bestrahlten Gewebes und den Zeiteinheiten, in denen die Dosis aufgenommen wurde.

Stochastische Schäden treten nicht zwangsläufig oberhalb einer bestimmten Strahlendosis auf; es existiert somit keine Schwellendosis. Die Auftretenswahrscheinlichkeit nimmt jedoch mit wachsender Dosis zu. Als typische stochastische Schäden sind bekannt: Leukämie, Tumorbildung und Erbschäden.

Richtgröße zur Beurteilung von Strahleneinwirkungen ist die Energiedosis, gemessen in Gray (Gy). Die biologische Wirkung ionisierender Strahlung hängt auch von der Strahlenart ab, sie wird berücksichtigt duch den dimensionslosen Bewertungsfaktor q (vgl. Tabelle 12).

für Röntgen-, Gammastrahlen:	$q = 1$
für Beta-, Elektronenstrahlen:	$q = 1$
für thermische Neutronen:	$q = 3$
für Alphastrahlen:	q von 10 bis 20
für schnelle Neutronen (bzw. bei nicht bekannter Energie):	$q = 20$

Tabelle 12: *Dimensionsloser Bewertungsfaktor q zur Berücksichtigung der biologischen Wirkung verschiedener Strahlenarten*

Das Produkt aus q und der Energiedosis ergibt die Äquivalentdosis H, gemessen in Sievert (Sv).
Für die Beurteilung der Schädlichkeit wird die Äquivalentdosis herangezogen. Im Verfahren werden entsprechende Grenz- und Orientierungswerte aufgeführt. (Die dort zusammengestellten Werte wurden aus folgenden Quellen entnommen: *Skiba 1979*; *Jansen u.a. 1985*; *Strahlenschutzverordnung 1981*.)

Bei der Beurteilung muß zusätzlich berücksichtigt werden:

- Bei einmaligen, kurzzeitigen Bestrahlungen muß die jährliche Gesamtkörperdosis deutlich unterschritten werden: in einem Kalendervierteljahr darf z.B. höchstens die Hälfte der Jahreswerte aufgenommen werden.

- Im Vergleich zur Teilkörperbestrahlung wirkt bei Ganzkörperbestrahlung (schon) eine wesentlich kleinere Dosis tödlich.

- Besonders gefährdend ist eine Bestrahlung der Eierstöcke und Hoden, da in den Genen bereits durch Einzeltreffer Mutationen entstehen können.

7 Physiologische Faktoren

Mit dem Oberbegriff 'Physiologische Faktoren' soll als eine Grundform menschlicher Arbeit die vorwiegend körperliche Arbeit (vgl. *Rohmert/Rutenfranz 1975*) beschrieben werden. Gemeint ist eine von Muskelkraft begleitete Leistung, im physikalischen Sinne Arbeit zu vollbringen. Die physikalische Definition von Arbeit (Arbeit ist das Produkt aus Kraft und Weg) ist jedoch nicht generell anwendbar. Es existieren Sonderformen menschlicher Arbeit, die im physikalischen Sinne keine Arbeit darstellen, wie die statische Haltearbeit: Es wird zwar eine Kraft aufgebracht, aber dabei kein Weg zurückgelegt. Physikalisch wird also keine Arbeit geleistet; eine solche Tätigkeit stellt allerdings einen eindeutigen Belastungsfaktor dar und muß daher berücksichtigt werden.

Als Strukturierungshilfe ergeben sich daraus folgende Kriterien (vgl. auch *Rohmert 1983*):

- Arbeitsschwere (im Sinne von körperlich schwerer Arbeit)

- ungünstige Körperhaltungen (in Sinne statischer Halte- und Haltungsarbeit sowie unphysiologische Körperbewegungen).

Durch schwere körperliche Arbeit können vielfältige Schädigungen auftreten; die häufigsten sind:

- degenerative Schäden des Bewegungsapparates (z.B. Abnutzungserscheinungen)

- akute Schäden des Bewegungsapparates (z.B. Muskelzerrungen oder -risse)
- Herz- und Kreislaufschäden durch Überlastung.

Sensumotorische Anforderungen (Steuerung und Kontrolle von Körper- bzw. Gliedmaßenbewegungen durch die Koordination von Motorik und Sensorik) werden als mittelbare (unfallbegünstigende) Faktoren im Teil B des Gefährdungsregisters aufgenommen.

Je nach zu leistender Arbeitsschwere muß der Mensch einen entsprechenden Energiebetrag zur Verfügung stellen. Dieser Energiebetrag wird als Arbeitsenergieumsatz bezeichnet und zum Grund- und Freizeitumsatz addiert. Der Mensch hat nur begrenzte Energiereserven, es existiert daher eine Dauerleistungsgrenze; sie kennzeichnet die höchstmögliche persönliche Leistung, die mit an Sicherheit grenzender Wahrscheinlichkeit ohne Überlastung ununterbrochen 8 Stunden über das gesamte Arbeitsleben erbracht werden kann (vgl. *Spitzer u.a. 1982*). Diese Leistungsgrenze ist sehr stark von personenbedingten Einflüssen abhängig (z.B. Geschlecht, Alter, Größe, Trainiertheit), daher kann kein allgemeingültiger Wert für diese Dauerleistungsgrenze angegeben werden. *Spitzer u.a. (1982)* (nach Lehmann und Müller) nennen folgende Bereiche als Orientierungsgröße:

für Frauen: 660 – 720 kJ/h bzw. 180 – 195 W
für Männer: 990 – 1050 kJ/h bzw. 245 – 285 W.

Nach Lehmann – zitiert in *Stegemann (1977)* – liegt ein weiterer Orientierungswert bei 1300 kJ/h bzw. 350 W; darüberhinausgehende Arbeitsschweren können nicht mehr kontinuierlich, sondern nur noch mit Erholungstagen geleistet werden (s. dazu auch *Strasser 1986*).

Der Arbeitsenergieumsatz berücksichtigt fast ausschließlich dynamische Arbeit und stellt zudem einen Schichtmittelwert dar. Spitzenbelastungen (z.B. gelegentliches Heben von Lasten), Belastungen durch statische Anteile sowie durch bestimmte Rahmenbedingungen müssen daher zusätzlich in die Bewertung einfließen.

Führende Beurteilungsgröße stellt die Arbeitsschwere dar. Die Folgeneinstufung ergibt sich aus der Einordnung in eine der fünf Kategorien der Arbeitsschwere (vgl. Tabelle im Verfahren). Daneben müssen zusätzlich beeinflussende Kriterien berücksichtigt werden. Mit beiden Größen wird das Gefährdungsmaß aus der speziell formulierten Gefährdungsmatrix 'Arbeitsschwere' ermittelt.

Literatur zum Thema: *Hettinger 1980; Kaufmann u.a. 1982; Spitzer u.a. 1982.*

8 Mittelbare Faktoren

Neben den unmittelbar schädigenden Faktoren existieren solche, die selbst bei ausreichend langer Einwirkzeit nicht zu Schädigungen von Menschen führen, aber dennoch berücksichtigt werden müssen: Es handelt sich hierbei um mittelbare Faktoren. Sie selbst können im allgemeinen keine Verletzungen herbeiführen, aber ihr Auftreten bzw. Vorhandensein kann Bedingungen schaffen, die den Eintritt einer Verletzung oder Erkrankung durch unmittelbare Faktoren begünstigen. Bereits 1969 kritisierten *Kuhlmann u.a.* die Konzentration auf die vordergründigen (unmittelbaren) Unfallfaktoren, ohne die Einflußfaktoren zu berücksichtigen: „So kann auch die gegenwärtig übliche Unfallverhütung, die meist nur auf einen einzelnen Unfallfaktor bezogen ist, lediglich in Einzelfällen zu befriedigenden Ergebnissen führen. Die im Bild eines geschehenen Unfalls latent vorhandenen Unfallfaktoren entziehen sich zwangsläufig ihrer Bekämpfung. Der Unfallverhütung bleibt als Aufgabe die Bekämpfung der meist oberflächlich sichtbaren Unfallfaktoren, die oft mangels tieferer Einsicht in ihrer Bedeutung für das tatsächliche Unfallzustandekommen stark überbewertet werden. Das hat auch zur Folge, daß bislang der weitaus größte Aufwand zur Unfallforschung auf eine oft zufällige, recht kleine Auswahl von Einflußfaktoren beschränkt ist." (*Kuhlmann u.a. 1969, S. 15*). Diese Situation hat sich bis heute noch nicht tiefgreifend verändert.
Welche unmittelbaren Faktoren durch mittelbare begünstigt werden, kann ebenso wenig angegeben werden wie das Ausmaß einer Begünstigung. Eine Abstufung nach mehr oder weniger Einfluß kann nur als globale Aussage erfolgen, wie überhaupt eine wissenschaftliche Begründung der mittelbaren Faktoren insgesamt nicht oder nur in Ausnahmefällen möglich ist. Zum einen liegen zu wenig Erkenntnisse über entsprechende Zusammenhänge vor und zum anderen ist eine Validierung an den realen Bedingungen der Praxis nicht möglich. Der Auswertung von Unfallprotokollen bzw. Unfallanzeigen fehlen in dieser Hinsicht notwendige Daten: „...in die Varianz der Unfallzahlen gehen meistens auch Unterschiede in den Betriebsmitteln, Produkten, Arbeitstechniken, usw. ein..." (*Hoyos 1980, S. 179*), so daß sich einzelne Ursachen nur schwer oder gar nicht isolieren lassen.

8 MITTELBARE FAKTOREN

Nach bisherigen Erfahrungen und Erkenntnissen müssen mittelbare Faktoren in folgenden Bereichen gesucht werden:

- Bedingungen, die zu Fehlhandlungen führen können (vgl. *Hacker 1978, Hoyos 1980*), z.B. nicht kompatible Anordnung von Stellteilen
- Bedingungen, die sicherheitswidriges Verhalten unterstützen oder fördern (vgl. *Burkardt 1981*), z.B. hoher Zeitdruck
- Bedingungen, die eine hohe Konzentration bei der Ausführung der Arbeitsaufgabe erfordern (vgl. *Ruppert u.a. 1985*), z.B. hohe Anforderungen an die Sensumotorik.

Es kann davon ausgegangen werden, daß beim Vorliegen von Gefährdungen eine hohe Ausprägung mittelbarer Faktoren die ohnehin sicherheitskritischen Situationen verstärken.

Die folgende Auflistung mittelbarer Faktoren orientiert sich in erster Linie an einer Literaturauswertung, berücksichtigt aber auch:

- die Auswertung von Unfallberichten aus zwei Industriebetrieben des Jahres 1986
- Gespräche mit Sicherheitsingenieuren und Technischen Aufsichtsbeamten verschiedener Berufsgenossenschaften
- Diskussionen im Landesarbeitskreis für Arbeitssicherheit beim Niedersächsischen Sozialminister
- Ergebnisse aus über 100 selbst durchgeführten Arbeitssystemanalysen in verschiedenen Bereichen.

Folgende mittelbare Faktoren werden im Verfahren angeführt und durch Items abgefragt:
8.1 Elektrostatische Aufladungen (vgl. auch Kapitel 2)
8.2 Beleuchtung (vgl. auch Kapitel 6)
8.3 Sensumotorik
8.4 Informationstechnische Gestaltung
8.5 Organisatorische Bedingungen
8.6 Arbeitsumfeldgestaltung.

8.1 Elektrostatische Aufladungen

Die Erfassung der Items erfolgt in vier Stufen, denen folgende Bedeutung zugeordnet wird:

Stufe 0: trifft nicht zu/nicht vorhanden

Stufe 1: guter Gestaltungszustand

Stufe 2: mäßiger Gestaltungszustand (gestaltungsbedürftig)

Stufe 3: schlechter Gestaltungszustand (dringend gestaltungsbedürftig).

Für jedes Item wurden diese Einstufungsschlüssel in Form konkreter Bedingungen ausformuliert (s. dazu Teil B des Gefährdungsregisters). Je nach Höhe der Einstufung ergibt sich ein unterschiedlicher Handlungsbedarf; mit der Ermittlung des Handlungsbedarfes werden gleichzeitig konkrete Maßnahmen festgelegt, da sich die Formulierung der Einstufungsschlüssel direkt an Gestaltungsbedingungen orientiert und damit gefährdungsrelevante Situationen oder Zustände ermittelt.

Die Erfassung und Auswertung der Ergebnisse erfolgt in einem separaten Protokollblatt als Profildarstellung (vgl. Anhang 5).

8.1 Elektrostatische Aufladungen

Elektrostatische Ladungen entstehen durch eine Ladungstrennung z.B. infolge eines mechanischen Vorganges. Diese getrennten Ladungen können sich durch Funkenübersprung ausgleichen; der Funkenübersprung ist abhängig von der Strecke zwischen den Polen und der anliegenden Spannung. Die Ladungstrennungen gleichen sich durch einen kurzzeitigen Strom in Form eines Funkens aus, wenn sie zu einem solchen Wert angestiegen sind, daß die Strecke zwischen den Polen übersprungen werden kann. Die entstehenden Funken stellen erhebliche Risiken in brand- und explosionsfähiger Atmosphäre dar.
Eine weitere Möglichkeit des Ladungsausgleiches besteht im Kurzschluß der beiden Pole. Häufig stellen Menschen diese elektrische Überbrückung der elektrostatisch aufgeladenen Gegenstände dar. Dabei entsteht ein kurzfristiger Stromschlag, der gewöhnlich nicht direkt schädigend ist, aber zu Schreckreaktionen und damit zu unkontrollierten Reflexbewegungen führen kann.

Bei starken elektrostatischen Aufladungen von Personen kann eine Aufrichtung der Körperhaare beobachtet werden. Besonders kritisch ist dieses Phänomen in Verbindung mit Gefahrstellen zu beurteilen, da die aufgerichteten Körperhaare eingezogen werden können.

Typische Ursachen und Entstehungsmöglichkeiten für das Auftreten elektrostatischer Ladungen sind: mechanische Bearbeitungsvorgänge (z.B. Reiben, Zerkleinern, Ausgießen, Strömen, Fließen, Absaugen); Bewegung brennbarer Flüssigkeiten mit guten Isolationseigenschaften (solche Flüssigkeiten sind z.B. Äther, Schwefelkohlenstoff, Benzol, Benzin und Kerosin) z.B. Benzin in Tankfahrzeugen; Einsatz nicht oder schlecht leitender Werkstoffe; keine ausreichende Erdung; beim Betrieb von z.B. Riemenscheiben, Tiefdruckmaschinen, Streichmaschinen, Filmgießmaschinen, Späneabsaugung sowie geringe Luftfeuchtigkeiten.

Abgefragt werden in mehreren Stufen die Schutzmaßnahmen zur Ableitung elektrostatischer Ladungen.

8.2 Beleuchtung

Die Beleuchtung kann selbst bei sehr schlechter Gestaltung keine unmittelbaren Schädigungen hervorrufen. Schlechte Beleuchtungsbedingungen können jedoch arbeitserschwerend wirken (z.B. durch zu geringe Kontraste zwischen Arbeitsgut und Unterlage) oder sogar erhebliche Sicherheitsrisiken bilden, z.B.: Blendungen/Reflexe an Schalttafeln, schlechte Ausleuchtung von Stolperstellen oder falsche Auswahl der Lichtrichtung und damit ungünstige Schattenbildung. Negative Beanspruchungsfolgen durch die Beleuchtung wurden von vielen Autoren nachgewiesen (einen guten Überblick über wichtige Untersuchungsergebnisse geben *Jungkind-Butz 1986* und *Mannek/Stickl 1986*). Es besteht jedoch kein eindeutiges Meinungsbild in der Frage, inwieweit chronische bzw. bleibende Schäden möglich sind. Bei Arbeiten an Bildschirmen wird die Möglichkeit einer bleibenden Schädigung nicht ausgeschlossen, allerdings sind die Ursachen hier nicht bei der Beleuchtungsgestaltung zu suchen.

Die Güte einer Beleuchtungsanlage setzt sich aus mehreren lichttechnischen Merkmalen zusammen; gute Beleuchtungsbedingungen werden nur dann erreicht, wenn alle der folgenden Anforderungen erfüllt sind (vgl. DIN 5035, Teil 1):

8.2 Beleuchtung

- ausreichende Beleuchtungsstärken (in der Arbeitsstätten-Richtlinie 7/3 werden tätigkeitsbezogene Mindestbeleuchtungsstärken angegeben)
- gleichmäßige Ausleuchtung des Arbeitsplatzes und -raumes
- die Sehaufgabe erleichternde Kontraste
- die Sehaufgabe erleichternde Schattigkeit (angepaßte Lichtrichtung)
- Vermeidung von Blendungserscheinungen und Glanzbildern
- auf die Sehaufgabe abgestimmte Lichtfarbe und Farbwiedergabe.

Aus sicherheitlichen Aspekten heraus sind weitere ungünstige Bedingungen zu vermeiden:

Flimmern/Flackern
Diese Erscheinungen können bei Entladungslampen auftreten. Während sich das Flimmern im Normalbetrieb (z.B. durch Leuchtstofflampen im Einphasenbetrieb, Elektrodenflimmern) einstellen kann, tritt Flackern bei nicht mehr zündfähigen Lampen auf.

Stroboskopische Effekte
Unter stroboskopischen Effekten werden optische Sinnestäuschungen verstanden. Durch zeitlich wechselndes Licht können rotierende oder hin- und herbewegte Gegenstände in einer anderen als der tatsächlichen Geschwindigkeit erscheinen oder sogar einen ruhenden Eindruck vermitteln.

Wechsel zwischen Räumen unterschiedlicher Helligkeiten
Das Auge muß sich auf unterschiedliche Helligkeiten einstellen; dieser Vorgang wird Adaption genannt. Man unterscheidet die Helladaption (Anpassung vom Dunkeln ins Helle) und die Dunkeladaption. Während die Helladaption sehr schnell abläuft, sie benötigt lediglich Sekundenbruchteile, erfordert die Dunkeladaption wesentlich längere Zeiträume. Bei sehr großen Helligkeitsunterschieden wird eine vollständige Adaption erst nach ungefähr einer Stunde erreicht. Diese Tatsache muß beim Wechsel zwischen Räumen unterschiedlicher Helligkeit (z.B. beim innerbetrieblichen Transport) unbedingt beachtet werden; sie kann sehr leicht zum Übersehen wichtiger Informationen führen.

Grundsätzlich lassen sich je nach Ausprägung der Beleuchtungsmängel Arbeitserschwernisse und Sicherheitsrisiken unterscheiden, wobei jedoch berücksichtigt werden muß, daß Arbeitserschwernisse durchaus zu Sicherheitsrisiken führen können. Der Einstufungsschlüssel für den AUF Beleuchtung berücksichtigt diesen Zusammenhang.

Literatur zum Thema: *Benz u.a. 1983; Fördergemeinschaft Gutes Licht; Hartmann 1977; Spieser u.a. 1975; DIN 5035:* Innenraumbeleuchtung mit künstlichem Licht.

8.3 Sensumotorik

Im Zuge der Mechanisierung und Automatisierung verliert die körperliche Schwerarbeit immer mehr an Bedeutung, dagegen rücken einseitige Muskelbelastungen und feinmotorische Anforderungen in den Vordergrund, z.B. Genauigkeit in der Bewegungsausführung oder Abstimmung/Koordination gleichzeitig auszuführender Operationen.

Diese Anforderungen werden in den Bereich der Sensumotorik eingeordnet. Die Sensumotorik bezeichnet das Zusammenwirken von Sinneseindrücken (Sensorik) und Bewegungsabläufen des Körpers (Motorik).

Die Bedeutung der Sensumotorik für den Arbeitsschutz besteht nicht nur in der durch hohe Anforderungen bedingten Konzentration auf die Arbeitsausführung, sondern auch in der physischen Reaktion auf ungewohnte Anforderungen – wie *Kylian u.a. (1987)* nachweisen konnten: Eine Belastung zur Stabilisierung des Körpers und zur Beibehaltung des Gleichgewichtes auf einem Karussellrundband führte zu einer Erhöhung der Herzschlagfrequenz über die Dauerleistungsgrenze hinaus, wobei diese Überschreitung nicht durch die Arbeitsschwere zu begründen war.

Hacker (1978) differenziert die sensumotorische Regulation von Arbeitsbewegungen wie folgt (S. 278ff.):

- Halteregulation (z.B. Halten von Werkzeugen mit grob- oder feinmotorischen Anforderungen in räumlicher und kraftmäßiger Hinsicht, z.B. Dosierung)

8.3 Sensumotorik

- Ausführung geführter Bewegungen (fortlaufende Rückkoppelung)
- Ausführung gezielter Bewegungen (Rückkoppelung in der Endphase)
- Koordination verschiedener Bewegungsvollzüge (z.B. Hand/Fuß).

Diese Kriterien können nach Zeit, Raum und Kraft unterschieden werden. Sehr detaillierte Analysen müssen daher z.b. für das Kriterium 'geführte Bewegungen' folgende Bedingungen erfassen (nach *Hacker 1978, S. 279*):

- Zeit und Kraft:
    1. Bewegungsgeschwindigkeit
    2. Geschwindigkeitsänderungen
    3. zeitabhängige Veränderungen der Kraftdosierung
- Raum:
    1. Art des Verlaufes (Knick-, Wende-, Umkehrpunkte)
    2. Anzahl von Richtungswechseln
    3. geforderte Resultatsgenauigkeit.

Vollständig im Sinne von Hacker erhebt der TAI (vgl. *Frieling u.a. 1984*) diesen Bereich:

- Art und Resultatsgenauigkeit motorischer Bewegungen
- Koordination von Bewegungen verschiedener Gliedmaßen (Finger, beide Hände, beide Füße, Arm/Hand-Fuß/Bein) hinsichtlich zeitlicher, räumlicher und kraftmäßiger Aspekte
- Steuerung motorischer Bewegungen durch Sinneseindrücke (optisch, akustisch, taktil) nach den Kriterien 'Beginn und Ende der Bewegung' sowie 'Beeinträchtigung der Kontrolle'.

Im Sinne des hier vorliegenden Anwendungsbereiches ist die Abfragungsebene im TAI zu tief (mit dem TAI sollen über den Sicherheitsaspekt hinaus auch Daten für weiterreichende Fragestellungen ermittelt werden). Es gilt somit eine Itemformulierung zu finden, die den gesamten Bereich vergröbert abfragt, dabei jedoch Sicherheitsrisiken erkennen läßt.

Grandjean (1979) nennt einige charakteristische Merkmale zur Beschreibung sensumotorischer Anforderungen:

- rasche und/oder feine Dosierung der Muskelkontraktionen
- Koordination einzelner Muskelbewegungen
- Präzision der Bewegung (räumlich und zeitlich).

Mit diesen Merkmalen und den Forderungen von Hacker sowie den Umsetzungsvorschlägen im TAI entstanden folgende Items:
8.3.1 Gleichgewichtssinn (Balance)
8.3.2 Zielgenaue Ausführung von Bewegungen
8.3.3 Weggenaue Ausführung von Bewegungen
8.3.4 Bewegungskoordination von Extremitäten

Unter sicherheitlichen Aspekten müssen weitere Bedingungen berücksichtigt werden:

Reaktionszeit:
Im Sinne zeitabhängiger Veränderungen von Bewegungsmustern spielt die erforderliche Reaktionszeit als sicherheitliches Kriterium eine wesentliche Rolle. Sehr kurze Reaktionszeiten erhöhen das Risiko zu Fehlhandlungen, weil z.B. eine hohe Konzentration erforderlich ist, keine ergänzenden Informationen eingeholt werden können oder ein Nachschlagen über die Signalbedeutung nicht möglich ist.

Ausführungskontrolle:
Die Steuerung feinmotorischer Bewegungen unterliegt einem Regelungsprozeß, der Rückmeldungen über den augenblicklichen Stand der Bewegungsausführung erfordert. Hauptwahrnehmungssinn ist gewöhnlich das Sehen, zweitrangig sind akustische Informationen, während taktilen oder kinästhetischen Rückmeldungen ein geringerer Stellenwert für die räumliche Orientierung zukommt.

Hilfsmittel:
> Zu berücksichtigen sind auch Arbeitsmittel (in den meisten Fällen wird es sich um Hilfsmittel für die Arbeitsausführung handeln), die die natürlichen Eindrücke (z.B. optische oder taktile Wahrnehmung) der Bewegung bzw. der Bewegungsausführung verändern. Gemeint sind z.B. Lupen, Bildschirme, Flüssigkeiten und Manipulatoren, die die gewohnheitsmäßigen afferenten und motorischen Nervenimpulse beeinträchtigen können.

Somit kommen als weitere Items hinzu:
8.3.5 Reaktionszeit
8.3.6 Kontrolle der Bewegungsausführung
8.3.7 Eingesetzte Hilfsmittel.

Eine sicherheitsrelevante Aussage läßt sich nur dann treffen, wenn zusätzlich zu den bewerteten Kriterien auch mögliche Konsequenzen einer Nichterfüllung der gestellten Anforderungen aufgenommen werden; dies erfolgt mit Item 8.3.8.

Literatur zum Thema: *Grandjean 1979*; *Hacker 1978*; *Schmidtke 1973*.

8.4 Informationstechnische Gestaltung

In diesem Abschnitt werden die Bereiche Informationsaufnahme und -umsetzung näher betrachtet und ihre Bedeutung für den Arbeitsschutz beschrieben. Nach der arbeitspsychologischen Aufgabenrangreihe von *Hacker (1978)* erfolgt in diesem Verfahren eine Einschränkung auf die Inhalte des ersten Rangplatzes:

1. „die Verbesserung der äußeren Arbeitsbedingungen im Sinne der Gestaltung der Arbeitsmittel und der Arbeitsorganisation mit Hilfe der Aktivität der Werktätigen, in der sich eine sozialistische Arbeitseinstellung verwirklicht sowie in Wechselwirkung damit

2. die Verbesserung der Leistungsvoraussetzungen, insbesondere der Qualifikation, ist wirksamer und ethisch vertretbarer als

3. das Beschränken auf Eignungsauswahl, oder gar

4. das Beschränken auf verbale oder objektivierte unspezifische (d.h. veränderungsbedürftige objektive Bedingungen unberührt lassende) Verfahren der psychologischen Leistungsbeeinflussung." (S. 51).

Während Fragen der Arbeitsorganisation im Abschnitt 8.5 angesprochen werden, steht die Gestaltung von Arbeitsmitteln hier im Vordergrund.
Im Zuge der fortschreitenden Mechanisierung und Automatisierung vor allem durch den Einsatz neuer Technologien ergibt sich eine deutliche Anforderungsverschiebung. Informatorische Arbeit gewinnt immer mehr an Bedeutung. *Hacker (1978)* unterstreicht diese Feststellung wie folgt: „Die wissenschaftlich-technische Revolution fügt zum Problem der Fehlhandlungen einen neuen Aspekt hinzu. In Mensch-Maschine-Systemen erfüllt der Mensch in der Regel eine besonders folgenreiche Funktion, da von der Angemessenheit und der Schnelligkeit seiner Entscheidungen die Arbeitsweise eines vielgliedrigen Produktionssystems abhängt. Das gilt um so mehr, als bei vielen Mensch-Maschine-Systemen vom Konstrukteur von vornherein vorgesehen ist, daß bei unvorhergesehenen bzw. besonders komplizierten Situationen anstelle automatischer Regelsysteme der Mensch die Steuerung bzw. Regelung übernimmt. Da offensichtlich auf die intellektuellen Leistungen des Menschen beim derzeitigen technischen Entwicklungsstand auch in teilweise automatischen Produktionssystemen nicht nur nicht verzichtet werden kann, sondern unter Umständen sogar kognitiv besonders schwierige Leistungen gefordert sind, erhält die Zuverlässigkeit der menschlichen Leistungen für die Zuverlässigkeit des gesamten Produktionssystems ausschlaggebende Bedeutung. Diese 'Zuverlässigkeit' muß gerade in Extremsituationen gewährleistet sein." (S. 339).

Auch *Hoyos (1980)* konstatiert eine Konzentration überwiegend informatorischer Arbeit in Mensch-Maschine-Systemen und damit „...engt sich die Suche nach situativen Ursachen weitgehend auf die unfallfördernde Übermittlung von Informationen ein." (S. 177). *Radl u.a. (1975)* stellen im Sinne dieser Betrachtung die Untersuchung von Schnittstellen in Mensch-Maschine-Systemen in den Vordergrund.
Eine Modellvorstellung für die Beschreibung menschlichen Handelns in Mensch-Maschine-Systemen hat *McGrath (1976 zit. in Hoyos 1980)* entwickelt. Dieses Modell zeigt mögliche Schnittstellen deutlich auf (vgl. Abbildung 15). McGrath unterscheidet zwischen dem Subjektbereich (mit den Aufgaben: Situationswahrnehmung und Aktionsauswahl) und dem Objektbereich (Arbeitsmittel, Arbeitsaufgabe, ...). Eine Verknüpfung dieser Bereiche entsteht zum einen durch Wahrnehmungs- und Einschätzungsprozesse und zum anderen durch eine Leistungsabgabe. Diese Verknüpfungen stellen gleichzeitig die Schnittstellen dar.

8.4 Informationstechnische Gestaltung

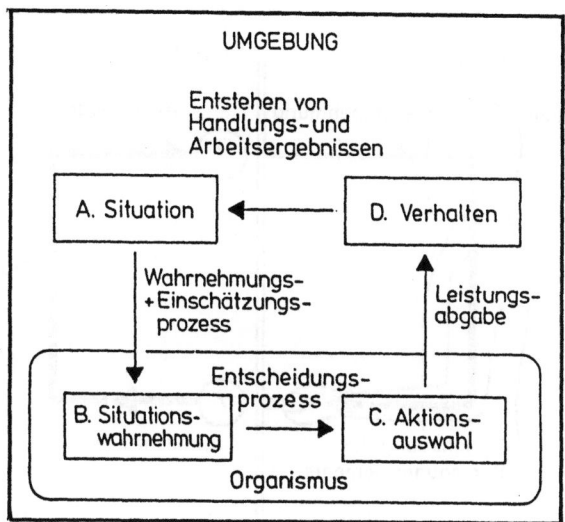

Abbildung 15: *Verhaltensmodell (nach McGrath 1976, verändert und zit. in Hoyos 1980, S. 85)*

Grandjean (1979) zeigt ein – von der Struktur her – ähnliches Modell auf, reduziert jedoch eine mögliche Leistungsabgabe auf das Betätigen von Stellteilen (vgl. Abbildung 16).

Somit ergeben sich hier als Gegenstand der weiteren Betrachtungen die Schnittstellen 'Wahrnehmen' und 'Betätigen von Stellteilen'. Ihre Relevanz für den Arbeitsschutz erhalten diese beiden Aspekte dadurch, daß bei einer nicht regelgerechten Wahrnehmung bzw. Ausführung sicherheitskritische Situationen entstehen können.

Unfälle gehen häufig auf Situationen zurück, die durch deutliche Abweichungen von dem gewohnten bzw. üblichen Arbeitsablauf gekennzeichnet sind. Solche Situationen können z.B. sein: verspätete Ausführung einer erforderlichen Handlung, Übersehen von kritischen Parametern, die korrektive Eingriffe erfordert hätten oder eine maschinenbedingte Störung.

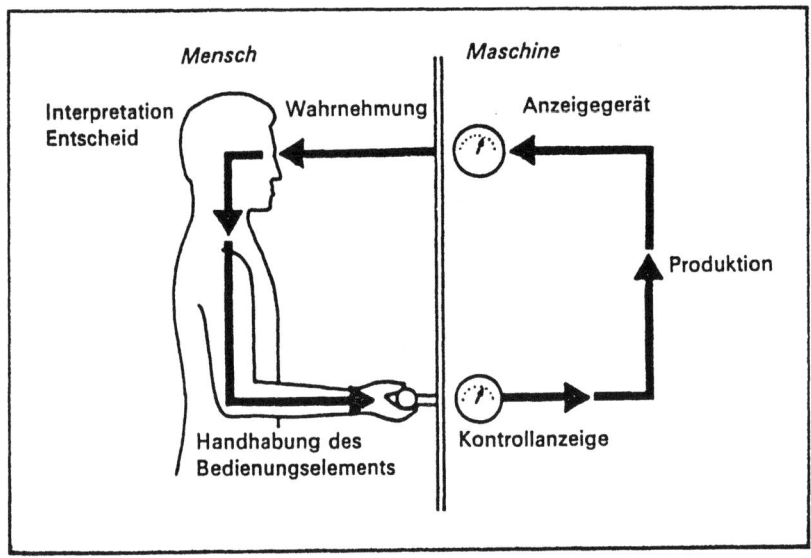

Abbildung 16: *Regelkreis Mensch-Maschine (Grandjean 1979, S. 131)*

Diese Abweichungen vom Normalbetrieb können technisch bedingt sein (z.B. Ermüdungsbruch einer Antriebswelle, Materialfehler) oder durch Fehlverhalten entstehen. Es sind aber auch Kombinationen dieser Ursachen möglich. Diese technisch bedingten bzw. technisch beeinflußten Fehlverhalten bezeichnen solche Ereignisse, in denen – zwar im Sinne des geplanten Arbeitsablaufes – ein Fehlverhalten registriert wird, dieses Fehlverhalten jedoch auf einen technischen Mangel bzw. auf eine ungünstige Gestaltung zurückzuführen ist (z.B. ein optisches Signal außerhalb des Gesichtsfeldes).

Hacker (1978) unterscheidet Fehlverhalten durch fehlende oder nicht abgeschlossene Qualifizierungsvorgänge (regelmäßig auftretende Fehler) von solchen, die als vereinzelte, seltene Ereignisse durch Stelleninhaber verursacht werden, die die eigentliche Tätigkeit beherrschen. Mängel bei der Qualifizierung können durch eine veränderte bzw. verbesserte Aus- und Weiterbildung beseitigt werden. Fehlverhalten, die nicht auf Qualifizierungsdefizite zurückzuführen sind, können intraindividuelle Gründe besitzen oder auf technisch unzureichende Lösungen bzw. auf äußere Ursachen (z.B. Arbeitsbedingungen) hinweisen.

8.4 Informationstechnische Gestaltung

Ähnlich wie für die Ermittlung technischer Schwachstellen existieren Ansätze zur Aufdeckung personenbezogener Fehlverhaltensweisen (siehe dazu z.B. 'Critical Incident Technique' beschrieben in *Hoyos 1974a* oder *Wehner u.a. 1983*). Im Arbeitsschutz muß jedoch das Zusammenwirken von Mensch und Gefahr sowie Mensch und Technik analysiert werden. Unter dem hier verfolgten Ziel einer optimalen Arbeitsgestaltung gewinnt das technisch bedingte Fehlverhalten an Interesse: „Schließlich ist wohlbelegt, daß der ausschlaggebende Anteil der Fehler, die bei der Bedienung von Maschinen unterlaufen, nicht durch überflüssige oder unrationelle (z.B. zu langsame oder zu kräftige) Bewegungen entsteht, sondern viel häufiger dadurch, daß die Konstruktion der Bedienteile oder die Auslegung des gesamten Bedienfeldes – einschließlich seines Bezugs auf das Informationsangebot und die zu bewirkenden Vorgänge – keine ausreichenden Regulationsgrundlagen für eine anforderungsgerechte Ausführung (also insbesondere Zuordnung) sichert. ... Verzögerungen durch Schwierigkeiten in der Zuordnung eines Signals zum richtigen Bedienteil, Ablenkungen durch fehlende Möglichkeit des blinden Auffindens dieses Bedienteiles, Verwechslungen von Bedienteilen durch deren unzureichende Unterscheidbarkeit sind Auswirkungen unzulänglicher Bewegungsregulation, jedoch nicht Auswirkungen 'unökonomischer (überflüssiger oder zu langsamer) Bewegungen'." (*Hacker 1978, S. 253*). Die Ausführungen von Hacker zeigen, daß Fehlverhalten bzw. Handlungsfehler häufig auf Gestaltungsmängel zurückgeführt werden können.

Ausgehend von der Feststellung, daß Fehler immer aufgrund von Mängeln an bestimmten Informationen entstehen, entwickelte *Hacker (1978)* Fehlhandlungsarten.

Diese – unter dem Aspekt einer 'verhütungsorientierten Fehlhandlungsklassifikation' – entstandene Struktur wird stärker detailliert und z.T. mit Beispielen ergänzt (vgl. Tabelle 13). In dieser Auflistung findet sich jedoch keine eindeutige Trennung im Sinne der Modellvorstellung von McGrath und Grandjean, so müssen z.B. fehlgreifen/stolpern dem Bereich Leistungsabgabe zugeordnet werden, falsch entscheiden/verrechnen sind dagegen Entscheidungs- bzw. Bewertungsprozesse.

Geordnet nach den Schnittstellen 'Wahrnehmung' und 'Betätigen von Stellteilen' sowie um einige wesentliche Aspekte ergänzt, orientieren sich die weiteren Ausführungen an folgenden Fehlern:

Fehlhandlungsarten	Beispiel

• objektives Fehlen erforderlicher Informationen
  - keine taktilen Unterscheidungsmöglichkeiten
  - Information ist unterschwellig
  - Unterlagen/Informationen sind unvollständig
  - fehlende Rückmeldung	

• falsches Orientieren:
  - Fehlidentifikation (Sinnestäuschungen)
  - Erinnerungstäuschung
 	
  - Fehlbeurteilung
	Maskierung/fehlauffassen
	falscher Zugriff auf gespeicherte Informationen

• falsches Entwerfen von Programmen
  - fehlerhafte Programme entwerfen
 	
  - Verrechnen/Verplanen
	fehlgreifen/verschütten/
	stolpern

• falsches Entscheiden	

• falsches situatives Einpassen von Programmen
  - richtige Programme falsch einsetzen
  - unzutreffende Zuordnung von Reaktion und Signal
	versprechen/verrechnen
	verwechseln

• fehlende Nutzung
  - übersehen
  - vergessen/versäumen
  - beabsichtigtes Übergehen
  - Stereotypisierungsfehler
	Gewohnheitsmäßiges
	Reagieren statt veränderte Handlung

Tabelle 13: *Fehlhandlungsarten (zusammengestellt aus Hacker 1978, S. 342ff.)*

8.4 Informationstechnische Gestaltung

8.4.1 Wahrnehmung
- nicht wahrnehmen von Informationen
- verwechseln/falsch wahrnehmen von Informationen
- keine Reaktion, weil Informationen nicht vorhanden oder unvollständig sind

8.4.2 Betätigen von Stellteilen
- verwechseln
- danebengreifen/-treten
- abrutschen
- falsch ausführen
- nicht ausführen
- unbeabsichtigt ausführen.

Eine Sicherheitsrelevanz findet der Bereich 'Wahrnehmung' erst dann, wenn die wahrzunehmende Information einen sicherheitskritischen Inhalt besitzt. Dies trifft auf Informationen zu, die Gefahren andeuten (z.B. Hupen eines Fahrzeuges) oder über entsprechende Einrichtungen (z.B. Anzeige) eine bestimmte Reaktion verlangen.

Hacker (1978) bezeichnet eine solche Einschränkung als Signale: „Signale sind (Vor-)Anzeigen für ein notwendiges spezifisches Handeln." (S. 142). Und weiter: „Reize werden danach zu Signalen, sofern sie bestimmte Verhaltens- oder Handlungsnotwendigkeiten anzeigen." (S. 143). Mit dieser Definition wird der relevante Bereich der Wahrnehmung auf die Signalwahrnehmung eingeschränkt.

Hoyos (1974) weist auf die Notwendigkeit hin, neben den Fehlhandlungen auch die möglichen Konsequenzen zu erfassen. Diese Forderung ist gerade bei der Suche nach Gestaltungsansätzen von sehr großem Interesse, denn Handlungsfehler mit geringsten oder ohne Konsequenzen erfordern im allgemeinen keine Gestaltungsmaßnahmen. Als Klassifizierungsmöglichkeit zitiert *Hoyos (1974)* folgenden Vorschlag (S. 103):

- keine Konsequenzen

- Zeitverluste

- qualitative Mängel des Produktes oder allgemein des Arbeitsergebnisses

- Schäden an Geräten

- Materialverluste

- Unfälle und Verletzungen.

Obwohl diese Klassifizierung die Möglichkeiten verschiedener Konsequenzen sehr gut und verständlich abbildet, so kann jedoch aus ihr nicht auf die Höhe der Konsequenzen geschlossen werden. Zeitverluste von mehreren Tagen stellen sicherlich höhere Konsequenzen dar als geringe Materialverluste. Die Einstufung von Konsequenzen muß sich daher an einer Bewertungsdimension orientieren. Eine solche Dimension stellt z.B. das Ausmaß der Korrigierbarkeit dar, es kann wie folgt erfaßt werden:
Welche Konsequenzen können sich im schlimmsten Falle aus einer Fehlhandlung ergeben?

Geringe Konsequenzen:
    Keine oder schnell korrigierbare Konsequenzen, z.B. im Laufe einer Schicht einholbare Zeitverluste

Mittlere Konsequenzen:
    Nur mit erheblichem Aufwand korrigierbare Konsequenzen (zeitliche, finanzielle Verluste: z.B. Überstunden, Nacharbeit am Produkt)

Erhebliche Konsequenzen:
    Konsequenzen mit erheblichen Folgewirkungen (Verletzungen von Menschen, materielle Schäden an Arbeitsmitteln, nicht korrigierbare Qualitätsminderung an kostenintensiven Produkten)

Um zu ermitteln, welche Signale gefährdungsrelevant sind, müssen die möglichen Konsequenzen in die Abfragung einbezogen werden. D.h. die Formulierung der Beantwortungsmöglichkeiten enthält sowohl Gestaltungsfehler als auch Konsequenzen; die dabei abgefragten Leitregeln als Gestaltungsziele werden in Teil C des Gefährdungsregisters detailliert dargestellt.

8.4 Informationstechnische Gestaltung

8.4.1 Signalwahrnehmung

Aus der Struktur von Hacker sind für dieses Kapitel all jene Fehlhandlungsmöglichkeiten zu suchen, die im Sinne von McGrath und Grandjean die Schnittstelle von Mensch und Maschine/Technik beschreiben. Damit werden personenbezogene Fehlhandlungen ohne technischen Gestaltungsaspekt (wie z.B. versprechen, verplanen, vergessen) ausgeblendet. Somit bleiben als Fehlhandlungsarten:

Nicht Wahrnehmen von Signalen:
Unter diesen Oberbegriff werden z.B. eingeordnet: völlige Maskierung, unterschwellige Signale, zu kurze Erscheinungsdauer der Signale.

Verwechseln/falsch Bewerten von Signalen:
Hier werden z.B. eingeordnet: sehr schwierige oder häufig wechselnde Kodierung, ähnliche Kodierung unterschiedlicher Signale, zu viel Informationsquellen, nicht deutlich unterscheidbare Signale, Beurteilung von Abläufen (z.B. Abschätzen von Geschwindigkeiten oder Zeiten) ohne Hilfsmöglichkeiten, nicht die Wichtigkeit von Signalen unterstützende Anordnung, keine technischen Speichermöglichkeiten für später erneut zu nutzende Informationen.

Keine Reaktion aufgrund unzureichender Informationen:
(Nicht vorhandene Signale oder unvollständige Informationen).
Die Unvollständigkeit von Signalen kann wesentlich zu einem Sicherheitsrisiko beitragen (so z.B. nicht angezeigte Überladungen eines Gabelstaplers, Ausfälle von sicherheitstechnischen Mitteln oder Überschreitungen von zulässigen Gefahrstoffkonzentrationen).

Gestaltungsansätze zur Vermeidung solcher Fehlhandlungsarten können nur dann vorgeschlagen werden, wenn diese Fehlhandlungen bestimmten Gestaltungsmängeln zugeordnet sind. Diese Aufgabe erfüllt Tabelle 14.

Sie enthält in der ersten Spalte Fehlhandlungsarten, in Spalte 2 zugeordnete Gestaltungsfehler bei der Signaldarbietung bzw. -erkennung und in der dritten Spalte Oberbegriffe der Gestaltungsfehler, für die Leitregeln entwickelt und abgefragt werden.

Fehlhandlungsart	Fehler, Mängel	Erfassungskriterium
nicht wahrnehmen	ununterbrochene Beobachtungsdauer Daueraufmerksamkeit Erscheinungsdauer zu kurz zu viele Informationen über gleichen Kanal Informationsmedium nicht erkennbar unterschwellig keine einheitliche Sollwertdarstellung fehlende redundante Auslegung wichtiger/kritischer Informationen ungeeignete Anzeigenart gewählt nicht im Gesichtsfeld angeordnet (bei optischen Anzeigen)	s. organisatorisch-technische Faktoren Wahrnehmung Wahrnehmung Wahrnehmung Wahrnehmung Anordnung/Gestaltung Vollständigkeit Eignung Anordnung/Gestaltung
verwechseln/ falsch wahrnehmen	zu viele Informationsquellen (Anzeigen) nicht deutlich unterscheidbar Information nicht vollständig (mehrere Handlungsalternativen) Anordnung nicht analog der Wichtigkeit (~ unterschätzt) keine redundante Auslegung keine einheitliche Sollwertdarstellung Beurteilung von Abläufen ohne Hilfsmittel keine Speichermöglichkeit vorhanden (Technik) unbekanntes Signal/Situation schwierige oder unbekannte Kodierung ungeeignete Anzeigenart	Wahrnehmung Wahrnehmung Anordnung/Gestaltung Vollständigkeit Anordnung/Gestaltung Vollständigkeit Eignung Bekanntheitsgrad Bekanntheitsgrad Eignung
keine Reaktion, weil Informationen nicht vorhanden oder unvollständig sind	fehlen sicherheitsrelevanter Informationen der eigentliche Informationsbedarf wird nicht erfüllt	Vollständigkeit Vollständigkeit

Tabelle 14: *Zuordnung von Fehlhandlungsarten und Gestaltungsfehlern bei der Signalwahrnehmung*

8.4 Informationstechnische Gestaltung

8.4.2 Stellteilbetätigung

Hier sollen mögliche Fehler bzw. Mängel bei der Gestaltung von Stellteilen ermittelt werden. Als Stellteile werden in der VDI-Richtlinie 2242, Blatt 2 bezeichnet: „Schalter, Tasten, Dreh-, Druckknöpfe, Lenkräder, Steuerknüppel, Schalthebel, Tastarmaturen, Schieberegler, Drehwählscheiben, Rollbälle, -kugeln, Zugstangen, Türklinken, Fenstergriffe, Schlüssel, Lichtgriffel, -stifte, Abtaststifte u.a." (S. 6).

In diesem Verfahren findet eine starke Einschränkung der Informationsabgabe auf die Betätigung von Stellteilen statt. Diese – unter Sicherheitsaspekten vorgenommene – Einschränkung soll auf der Basis der von *Luczak (1983)* entwickelten Struktur erläutert werden. *Luczak (1983)* gliedert den Prozeß der Informationsabgabe in zwei Bereiche (vgl. Abbildung 17):

1. manipulativ

2. kommunikativ.

Die kommunikative Ebene als Informationsabgabe wird hier nicht erfaßt, da diese Tätigkeitselemente nicht zu direkten Fehlhandlungen oder gefährlichen Situationen führen. Im Sinne der Kommunikation werden sie von anderen Personen reflektiert und können nachgefragt werden.

Die unter der manipulativen Informationsabgabe eingeordneten 'visuellen' Kriterien gehören zu den reflektorischen Vorgängen des Sehens und sind somit Bestandteil verschiedener körperinterner Steuerungs- und Regelungsmechanismen, somit erübrigt sich hier eine weitere Betrachtung.
Die propriorezeptive Informationsabgabe wurde z.T. bereits durch die Sensumotorik und die Arbeitsschwere erfaßt; abzuarbeiten bleiben damit Fragen z.B. nach Anpreßdrücken und Rückstellkräften ebenso wie der Bereich der taktilen Bewegungen (hier muß allerdings angemerkt werden, daß Tätigkeitselemente wie 'Montieren' und 'Transportieren' auf einer anderen kategorialen Ebene stehen als 'Hinlangen' und 'Greifen').

Mit der VDI-Richtlinie 2242 ergibt sich folgende Beschreibung der taktilen und propriorezeptiven Informationsabgabe:

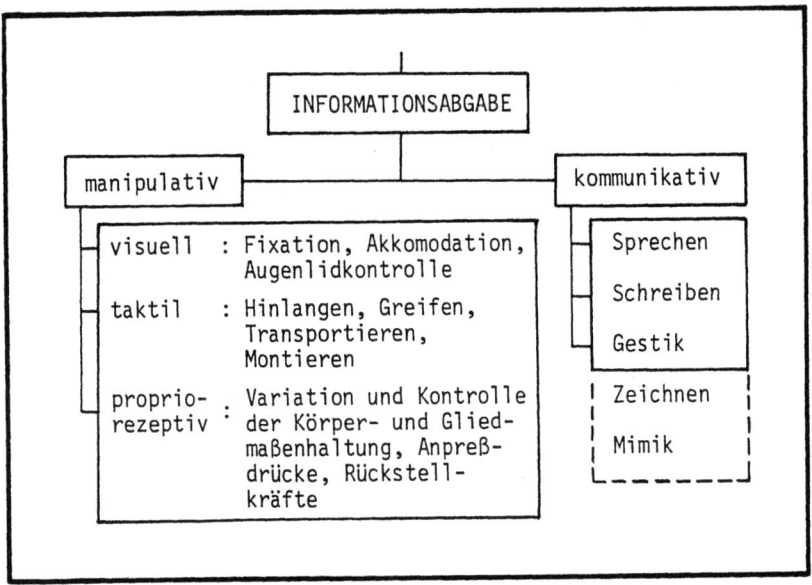

Abbildung 17: *Strukturierung der Informationsabgabe (verändert und ergänzt nach Luczak 1983)*

- bewegen, bringen, heben, tragen, ablegen (im Sinne von Transporttätigkeiten)
- betätigen
- auseinandernehmen, entnehmen, herausnehmen (als Demontage)
- fügen, positionieren, einführen, ansetzen (als Montage)
- halten, festhalten, loslassen (als allgemeine Tätigkeitselemente)
- Kraft ausüben, Kraft übertragen, drücken, pressen
- formen, bilden.

8.4 Informationstechnische Gestaltung

Eine Vielzahl dieser Tätigkeitselemente bezieht sich auf die Tätigkeiten Montieren und Transportieren. Solche Tätigkeitselemente werden in diesem Verfahren nicht berücksichtigt, da Fehlhandlungen hier entweder zur Wiederholung eines Vorganges führen (z.B. erneutes Greifen zu einem Werkzeug) und somit keine sicherheitliche Relevanz besitzen oder aber direkt zu einem Unfall führen können (z.B. Loslassen einer angehobenen Last), was jedoch bereits im Gefährdungsfaktor 'Mechanische Energien' abgefragt wurde. Somit bleiben für die Analyse lediglich solche Tätigkeiten, die indirekt — also über die Technik — zu sicherheitskritischen Situationen führen können, also das 'Betätigen von Stellteilen'.

Wie bereits genannt, ergeben sich für das Betätigen von Stellteilen folgende Fehlhandlungsmöglichkeiten:

- verwechseln (z.B. bei zu vielen Stellteilen)

- danebengreifen/-treten (z.B. bei zu eng nebeneinander liegenden Stellteilen)

- abrutschen (z.B. an glatten, kleinen Stellteilen)

- falsch ausführen (z.B. bei Nichteinhaltung der Kompatibilitätsgrundsätze)

- nicht ausführen (z.B. durch fehlende Rückmeldung)

- unbeabsichtigt auslösen (z.B. durch unzureichende Sicherung).

Die Zuordnung von Gestaltungsmängeln zu diesen Fehlhandlungsarten erfolgt in Tabelle 15. Sie enthält in der ersten Spalte Fehlhandlungsarten, ordnet diesen in Spalte 2 Gestaltungsfehler zu und nennt in Spalte 3 Oberbegriffe der Gestaltungsfehler, für die Leitregeln entwickelt und abgefragt werden.

8 MITTELBARE FAKTOREN

Fehlhandlungsart	Fehler, Mängel	Oberbegriff (Suchkriterium)
verwechseln	zu viele Stellteile schlechte/unübersichtliche Anordnung nicht deutlich unterscheidbar keine eindeutige Zuordnung Information/Reaktion (mehrere Handlungsalternativen)	Ausführung Anordnung Ausführung/Gestaltung Ausführung/Gestaltung
danebengreifen (vergreifen) danebentreten	Stellteile zu eng nebeneinander nicht im zentralen Greifbereich	Anordnung Anordnung
abrutschen	kein sicherer Kontakt zwischen Stellteil und ausführender Gliedmaße	Eignung
falsch ausführen	keine sinnfällige Bewegung keine Bestätigung für richtige Reaktion (von der Technik) kontinuierliche Regelung von sicherheitsrelevanten Eingriffen Zuordnung von Information/Reaktion nicht eindeutig keine optische Überwachung der Stellbewegung zu kurze Reaktionszeit	Ausführung/Gestaltung Rückmeldung Eignung Ausführung/Gestaltung Rückmeldung Reaktionszeit
keine Ausführung	keine Ausführung möglich (z.B. Stellwiderstand zu groß) keine Rückmeldung nach Ausführung (z.B. kein Stellwiderstand)	Ausführung/Gestaltung Rückmeldung
unbeabsichtigte Auslösung	Abstand zu anderen Stellteilen zu klein keine Sicherung gegen unbeabsichtigte Auslösung (z.B. Stellwiderstand zu klein)	Anordnung Ausführung/Gestaltung

Tabelle 15: *Zuordnung von Fehlhandlungsarten und Gestaltungsfehlern bei der Stellteilbetätigung*

8.5 Organisatorische Bedingungen

Eine weitere Gruppe mittelbarer Faktoren stellen die organisatorischen Bedingungen der Tätigkeit dar. Viele Autoren haben belegt (vgl. *Volkholz 1977, Hacker 1978, Mergner 1976, Hoyos u.a. 1981, Slesina 1987*), daß organisatorische Bedingungen ihre Bedeutung für die Arbeitssicherheit dadurch gewinnen, indem sie zum einen Auslöser von Fehlhandlungen oder unter bestimmten Randbedingungen direkt schädigende Einflüsse darstellen können.
Während direkt schädigende Einflüsse über epidemiologische Untersuchungen zum Teil nachweisbar sind, wie z.B. Nachtarbeit in Verbindung mit Wechselschicht, können Auslöser von Fehlhandlungen nicht ohne weiteres angegeben werden. Sie entstehen häufig über eine Verknüpfung und Kombination mehrerer Einzelbedingungen, ohne daß eine Separierung möglich ist. Ansatzpunkte zur Ermittlung solcher Einzelbedingungen liefert die Streßforschung. *Hoyos u.a. (1981)* nennen drei Möglichkeiten, wie Stressoren die Ausführung der Arbeitsaufgabe beeinflussen können:

- Streßbewältigung ist die alleinige Aufgabe

- die Arbeitsaufgabe wird unter Streß ausgeführt

- die Ausführung der Arbeitsaufgabe tritt hinter die Auseinandersetzung mit dem Stressor zurück.

In den beiden letzten Fällen sind Sicherheitsrisiken enthalten.

Für die Streßentstehung werden äußere Bedingungen und personenbezogene Ursachen verantwortlich gemacht. Eine weitgehend übereinstimmende Klassifikation von Stressoren nennen *McGrath (1976, zit. in Udris 1982)* und *Hoyos (1985)*(vgl. Tabelle 16).

Auch die Normung im weitesten Sinne hat sich – wenn auch bescheiden – mit diesem Thema beschäftigt. So ist in der VDI-Richtlinie 4003, Blatt 6 'Allgemeine Forderungen an ein Sicherheitsprogramm, Klasse A – Ergonomische Aspekte' zu lesen: „Gesundheitliche Gefahren durch Streß können für den Menschen am Arbeitsplatz entstehen durch
(1) hohe Intensität und große Zahl der Stressoren ... Diesen möglichen Gefahren kann durch Methoden der Verringerung der mentalen Belastungen durch Aufgabe und Maschinenkonstellation weitgehend begegnet werden." (S. 5).

1. Stressoren aus Arbeitsaufgabe
Zu hohe qualitative und quantitative Anforderungen
Fehlende Eignung, mangelnde Berufserfahrung
Zeit- und Termindruck
Informationsüberfluß
Arbeitstempo
Unklare Aufgabenübertragung, widersprüchliche Instruktionen
Unerwartete Unterbrechungen und Störungen
Defekte Arbeitsmittel
Fehlende Erholung und Entspannung

2. Stressoren aus der Rolle
Verantwortung
Konkurrenzverhalten unter den Mitarbeitern
Fehlende Unterstützung und Hilfeleistungen
Enttäuschung, fehlende Anerkennung
Konflikte mit Vorgesetzten und Mitarbeitern
Belastung durch Führungsprobleme

3. Stressoren aus der materiellen Umgebung
Umgebungseinflüsse: Lärm, mechanische Schwingungen, Kälte, Hitze usw.
Gefahren, Notsituationen

4. Stressoren aus der sozialen Umgebung
Betriebsklima
Wechsel der Umgebung, der Mitarbeiter und des Aufgabenbereiches
Strukturelle und räumliche Veränderungen im Betrieb
Informationsmangel

5. Stressoren aus dem 'behavior setting'
Isolation
Dichte

6. Stressoren aus dem Person–System
Angst vor Aufgaben, Mißerfolgen, Tadel und Sanktionen
Familiäre Konflikte

Tabelle 16: *Klassifikation von Stressoren (Hoyos 1985, S. 127)*

8.5 Organisatorische Bedingungen

Wie auch *Kaufmann u. a. (1982)* feststellen: „Die Verminderung von Streß in der Arbeitswelt muß daher vorrangig an der Veränderung der Arbeitsbedingungen selbst ansetzen, ..." (S. 36), stehen in der VDI-Richtlinie die äußeren Bedingungen als Gestaltungsaspekt im Vordergrund.

Kannheiser (1987) hat als Gestaltungsansätze 18 Mikrostressoren gebildet:

1. Abhängigkeit von Vorgesetzten
2. Abhängigkeit des Stelleninhabers von anderen Beschäftigten
3. Abhängigkeit der Arbeitshandlungen von technischen Einrichtungen
4. Ausmaß der tätigkeitsspezifischen Bürokratisierung
5. Ausmaß der Fremdkontrolle
6. Kommunikationsmöglichkeiten
7. Hilfeleistungsmöglichkeiten
8. Handlungsspezifische Abstimmungserfordernisse
9. Tätigkeitsspezifischer Leistungsdruck
10. Tätigkeitsspezifischer Konkurrenzdruck
11. Handlungsvariabilitäten aufgrund tätigkeitsspezifischer organisatorischer Bedingungen
12. Tätigkeitsspezifische Ungewißheit
13. Ausmaß 'schützender' tätigkeitsspezifischer Regelungen/Einrichtungen
14. Automatisierungsniveau der arbeitsplatzspezifischen Technologie
15. Störanfälligkeit
16. Wartezeiten.

Auf der Basis der hier genannten Stressoren und von Literaturauswertungen wurden organisatorische Bedingungen ermittelt, die als potentiell sicherheitsrelevant eingestuft werden können. Bei der Auswahl wurden auch Hinweise von Sicherheitsingenieuren und Technischen Aufsichtsbeamten umgesetzt.

Es werden folgende Bereiche durch Items erfaßt:
8.5.1 Arbeitszeit
8.5.2 Pensumsdruck
8.5.3 Formalisierung
8.5.4 Arbeitsaufgabe.

8.5.1 Arbeitszeit

Nachtarbeit

Als Nachtarbeit wird eine Tätigkeit dann bezeichnet, wenn mindestens die Hälfte der täglichen Arbeitszeit zwischen 22.00 und 6.00 Uhr liegt.

In epidemiologischen Studien konnte der schädigende Einfluß von Nachtarbeit auf die Gesundheit eindeutig nachgewiesen werden. So stellt *Rutenfranz (1983)* fest, daß infolge Nachtarbeit Schlafstörungen, Appetitstörungen, Störungen des Magen-/Darmtraktes auftreten können; *Müller (1982)* wies ein erhöhtes Infarktrisiko nach und *Valentin u.a. (1985)* bezeichnen Nachtarbeit aus medizinischer Sicht „... als Risikofaktor zu betrachtende Belastung ..." (S. 121).

Neben diesen direkten Wirkungen auf die Gesundheit kommt der Nachtarbeit auch im Unfallgeschehen eine besondere Bedeutung zu: Nachtarbeit läuft der Bioleistungskurve entgegen; daher ist mit einer höheren Fehlerhäufigkeit zu rechnen (vgl. *Graf zit. in Laurig 1980*).

Überstunden

Der Einfluß von Überstunden auf die Unfallhäufigkeit kann durch statistische Auswertungen belegt werden. Allerdings können solche Angaben (vgl. *Skiba 1979* und *Leichsenring 1986*) nur Tendenzen aufzeigen, weil lediglich die Unfallanzahl auf die Stunden nach Arbeitsbeginn bezogen wird. Es fehlt die Relativierung dieser absoluten Anzahl z.B. auf die geleisteten Stunden, zumal die regelmäßige Arbeitszeit nach etwa acht Stunden endet und darüberhinaus sehr viel weniger Stunden geleistet werden. *Skiba (1979)* belegt den negativen Einfluß von Überstunden durch die Feststellung, daß sich 30 % der tödlichen Arbeitsunfälle nach mehr als acht Stunden Arbeitszeit ereignen.

Radl u.a. (1975) ermittelten in der Literatur eindeutige Aussagen, daß zumindest für 'Denkprozesse' eine Verlangsamung bei fortschreitender Beanspruchungs-

8.5 Organisatorische Bedingungen

dauer besteht. Inwieweit diese Aussage auf andere Tätigkeiten übertragbar ist und bei welcher Dauer diese Verlangsamung eintritt, wird nicht angegeben.

Ausgehend von dem akzeptierten Zusammenhang zwischen Ermüdung und erhöhter Unfallgefahr, müssen Überstunden als sicherheitskritischer Faktor berücksichtigt werden. Vor allem dann, wenn sie in einem Ausmaß vorkommen, wie es das Gewerbeaufsichtsamt Oldenburg bei einer Stichprobe 1985 in 12 Betrieben festgestellt hat: Insgesamt wurden 770 Verstöße gegen die Bestimmungen der Arbeitszeitordnung (AZO) ermittelt; in Einzelfällen traten tägliche Arbeitszeiten bis zu 17 Stunden und wöchentliche Arbeitszeiten bis zu 70 Stunden auf (*Niedersächsischer Sozialminister ... 1987*).

Pausen
Daß Pausen einen ermüdungsverringernden Einfluß besitzen ist ebenso unumstritten wie die Erholungswirksamkeit von häufigen Kurzpausen gegenüber wenigen längeren Pausen.
Die heute übliche Pausenregelung mit einer 30-minütigen Pause lt. Arbeitszeitordnung (für Männer bei mehr als 6-stündiger Arbeitszeit, für Frauen gestaffelt je nach Länge der Arbeitszeit zwischen 20 Minuten bei viereinhalb Stunden Arbeitszeit und 30 Minuten bei mehr als sechs bis acht Stunden), häufig ergänzt um eine 15-minütige Pause, ist weitgehend an der notwendigen Zeit für die Nahrungsaufnahme orientiert. Für durchschnittliche Belastungen scheint ihre Länge auch unter dem Erholungsaspekt ausreichend zu sein (vgl. *Luczak 1983*). Extreme Belastungen werden allerdings nicht abgedeckt. Abgesehen von der Pausenlänge, die aufgrund unterschiedlicher Belastungen nicht allgemein angegeben werden kann, sind als sicherheitskritisch anzusehen:

- wenn keine Pausen gewährt werden

- wenn Pausen dem Arbeitsablauf zwangsweise angepaßt werden müssen und dabei sehr unregelmäßig erfolgen

- wenn Pausen ans Ende der Arbeitszeit gelegt werden können.

8.5.2 Pensumsdruck

Zeitdruck

Ein hoher Zeitdruck wird im Sinne einer quantitativen Überforderung von vielen Autoren als stark belastend bezeichnet (vgl. z.B. *Udris 1982*). *Hoyos (1985)*, *Kannheiser (1984)* und *Hacker/Richter (1984)* führen Zeit- und Termindruck als Stressor auf.
Die Wirkung des Zeitdruckes kann einerseits als Reizüberflutung in Verbindung mit schwierigen oder vielfältigen Aufgaben eintreten oder andererseits bei sich ständig wiederholenden Tätigkeiten monotoniefördernd sein (vgl. *Strasser u.a. 1977*). In epidemiologischen Studien konnte gezeigt werden, daß Zeitdruck besonders in Kombination mit weiteren Belastungsfaktoren eine erhöhte Erkrankungshäufigkeit zukommt (*Müller 1982; Hullmann u.a. 1986*).
Weiterhin muß davon ausgegangen werden, daß unter Zeitdruck die Wahrscheinlichkeit für sicherheitswidriges Verhalten steigt, Aufgaben unvollständig ausgeführt werden und unter dem Eindruck enger Zeitvorgaben die erforderliche Aufmerksamkeit zur Gefahrenwahrnehmung (vgl. *Ruppert u.a. 1985*) sinkt.

Planbarkeit der Arbeitsaufgabe/Häufigkeit von Störungen

Störungen z.B. an Maschinen oder im Materialfluß können ebenso wie zusätzliche, kurzfristig zu bearbeitende Aufträge zu Verschiebungen im Arbeitsablauf führen. Damit verbunden können erhöhte Arbeitsintensitäten, evtl. auch Verschiebungen des Arbeitsendes und Abweichungen von den gewohnten Tätigkeiten auftreten. Unerwartete Unterbrechungen und Störungen werden von *Hoyos (1985)* und *Kannheiser (1984)* als Stressoren genannt.
Einer schlechten Planbarkeit in Form von 'Arbeitsbehinderungen/Unterbrechungen mit zeitlicher Enge' wird nach *Hullmann u.a. (1986)* eine krankmachende Wirkung zugeschrieben. In Verbindung mit wechselnden Anforderungen macht *Müller (1982)* auf ein erhöhtes Infarktrisiko aufmerksam.
Obwohl letztlich eine schlechte Planbarkeit des Arbeitsablaufes zu Zeit- oder Termindruck führt, sind die Ursachen – im Gegensatz zu dem bereits abgefragten vorgegebenen Zeitdruck – mehr oder minder zufällig und werden daher getrennt erfaßt. Die durch Störungen notwendigen Abweichungen von Routinetätigkeiten werden in einem späteren Item abgefragt.

8.5 Organisatorische Bedingungen

Komplexität von Entscheidungen

Entscheidungen unter großer Verantwortung (z.B. mit hohen Konsequenzen) (vgl. *Grandjean 1979*) stellen ebenso wie Entscheidungen bei mehreren Handlungsalternativen (vgl. *Hacker 1978*) Bedingungen für mentale Belastungen dar. Nach *Radl u.a. (1975)* bilden die Tätigkeiten einen sicherheitsrelevanten Faktor „..., bei denen die Konsequenz von falschen Entscheidungen in Form eines auch erlebnismäßig gegebenen hohen Gefährdungspotentials unmittelbar evident ist ..." (*Radl u.a. 1975, S. 69*).

8.5.3 Formalisierung

Beschaffung/Ersatz

Bei der Verwendung schadhafter Arbeitsmittel (z.B. stumpfer Drehstahl, Hammer mit 'wackligem' Stiel) oder nicht mehr funktionsgerechte Körperschutzmittel (z.B. verschmierte oder aufgerissene Schutzhandschuhe) besteht ein deutlich höheres Unfallrisiko (vgl. auch *Hoyos 1980, S. 181*: „...die Beschäftigten gefährden sich, weil sie schadhaftes Gerät weiterbenützen ...").
Eine starke Formalisierung erschwert die Neubeschaffung bzw. den Ersatz; schriftliche Anträge z.B. über Vorgesetzte wirken als Hemmschwelle, weil ein zusätzlicher Aufwand erforderlich ist und das Gefühl der Kontrolle über Verschleiß von Arbeits-, Körperschutzmitteln oder Materialverbrauch vermittelt wird.

Vertretungsregelung

Wie die Statistiken der Berufsgenossenschaften ausweisen, sind die Unfallzahlen von Personen mit kurzer Betriebszugehörigkeit besonders hoch (vgl. *Skiba 1979*); gleiches gilt für die Arbeitsaufnahme an einem neuen Arbeitsplatz. *Kasperek (1986)* verweist auf erhöhte Unfallzahlen bei geringem Erfahrungs- bzw. Kenntnisstand der aktuellen Bedingungen.

Nun läßt sich die Konfrontation von Arbeitnehmern mit neuen oder veränderten Arbeitsbedingungen nicht vermeiden, eingeschränkt werden kann jedoch das Sicherheitsrisiko, wenn es um die Vertretungsfrage geht. Daher sollten − vor allem an Arbeitsplätzen mit hohem Gefährdungspotential − angelernte Vertreter bzw. Springer zur Verfügung stehen. Besonders wichtig ist der Ersatz durch angelernte bzw. eingearbeitete Mitarbeiter dann, wenn die Tätigkeit zusätzlich

Abstimmungserfordernisse (bei praktischen Handlungen) zwischen den Gruppenmitgliedern aufweist (vgl. auch *Hoyos 1985*).

Vollständigkeit und Zustand der Arbeitsmittel

Die Fachzeitschriften der Berufsgenossenschaften weisen regelmäßig auf die erhöhte Unfallgefahr bei der Benutzung von zweckentfremdeten oder selbstgebauten Hilfsmitteln hin. Sie bilden den Ersatz, wenn funktionsgerechte Arbeitsmittel nicht zur Verfügung stehen; sei es, weil sie nicht existieren (z.B. Spezialwerkzeuge zum Reinigen/Reparieren von Maschinen oder zur Störungsbeseitigung), weil sie aus einem zentralen Depot geholt werden müßten oder weil sie gleichzeitig auch von anderen Arbeitnehmern benutzt werden.
Hinweise auf fehlende Arbeitsmittel liefern die improvisierten Hilfsmittel am Arbeitsplatz.

Vollständigkeit der Informationen

Ungewollte Fehlhandlungen werden durch Informationsdefizite begünstigt (vgl. *Hacker 1978*). Durch unvollständige Unterlagen oder Anweisungen bezogen auf die auszuführenden Handlungen kann es zu erheblichen Störungen und Gefährdungen im Ablauf kommen. So sind z.B. falsche Schnittgeschwindigkeiten beim Drehen oder falsche Prozeßsteuerdaten Ergebnisse eines Informationsmangels.

Schriftliche Unterlagen

Nicht oder nur schlecht lesbare Unterlagen erzeugen ein Informationsdefizit und können damit zu Mißverständnissen und Unklarheiten führen. Dies kann vor allem bei handschriftlichen Unterlagen, aber auch bei Mitteilungen in einer fremden Sprache der Fall sein. Unterlagen in Muttersprache und in normierten Schrifttypen (z.B. Maschinenschrift, Normschrift) dienen einer besseren Verständigung.

8.5.4 Arbeitsaufgabe

Koordinationserfordernisse

Wie bereits mehrfach angesprochen, können Ursachen von Fehlhandlungen in Informationsdefiziten oder im Mißverstehen von Informationen liegen. Daher besteht in der Koordination von (praktischen) Arbeitshandlungen mit anderen

8.5 Organisatorische Bedingungen

Arbeitnehmern ein Sicherheitsrisiko; Fehlabstimmungen und Mißverständnisse können zu Unfällen führen. Als 'koordinationserforderlich' werden solche Tätigkeiten bezeichnet, bei denen der Stelleninhaber nicht allein, sondern gleichzeitig mit Kollegen Arbeitshandlungen abstimmen muß. Beispielhafte Tätigkeiten sind: koordiniertes Abstellen einer Last; koordiniertes Einlegen großflächiger Werkstücke in Maschinen sowie die Anweisungen des Anschlägers an den Kranführer beim Hantieren von Lasten.

Ungewohnte Umgebung
Saar (zit. in Hoyos 1980) konnte nachweisen, daß Tätigkeiten in fremder Umgebung erhöhte Sicherheitsrisiken enthalten, und er kommt zu dem Resümee, daß ungewohnte Umgebungen arbeitsplatzspezifische Unfallursachen darstellen. Charakteristische Tätigkeiten in diesem Sinne (feste Arbeitsaufgaben, die immer wieder an wechselnden Arbeitsorten auszuführen sind) sind z.B. Reinigungsarbeiten, Reparatur-/Instandhaltungsarbeiten und Installationsarbeiten.

Abweichungen vom Normalbetrieb
„Fehlhandlungen können durch erforderliche Abweichungen von geübten Handlungsverläufen entstehen." *(Hacker 1978, S. 321).* Je stärker eine Handlung automatisiert durchgeführt wird, desto größer ist das Risiko von Fehlhandlungen bei Abweichungen. Auch *Hoyos (1980)* zählt Abweichungen von Routinetätigkeiten zu den beeinflussenden Faktoren der Arbeitssicherheit.
In der Praxis treten solche Abweichungen vor allem bei der Wartung, Reparatur oder im Verlauf von Störungen auf; solche selten auszuführenden Tätigkeiten sind häufig gekennzeichnet durch relative Ungeübtheit und stellen daher infolge Unwissenheit und fehlender Erfahrung Sicherheitsrisiken dar. Besonders sicherheitsrelevant sind Abweichungen von den geübten Handlungen im Verlauf von Störungen, weil eine solche Situation mit hohem Zeitdruck, hohem Improvisationsgrad und dem Druck, im Störbetrieb weiter zu produzieren, verbunden sein kann. Weiterhin müssen solche Tätigkeiten berücksichtigt werden, die normalerweise nicht vom Stelleninhaber vorgenommen werden (wie z.B. Einfahren bzw. Einrichten von Maschinen), die aber fallweise – z.B. durch fehlende Ansprechbarkeit des Spezialisten – vom Stelleninhaber ausgeführt werden.

Stereotyper Arbeitsablauf
„Tätigkeiten, die durch geringes Reizangebot, Wiederholungscharakter der Sequenzen und relativ geringe Schwierigkeit das Entstehen von Monotonie fördern ..." bezeichen *Radl u.a. (1975, S. 69)* als Belastungsfaktor im Hinblick auf die Arbeitssicherheit. *Nieder (1984)* und *Euler (1977)* belegen durch ihre Untersuchungen den negativen Einfluß kurzzyklischer Tätigkeiten auf Absentismus, Unfallzahlen und 'Konfliktpotential'. In reizarmen Situationen sinkt das Wachsamkeitsniveau (*Strasser u.a. 1977, Fuchs u.a. 1982*). Stereotype Arbeitsvollzüge im Sinne psychologisch automatisierter Tätigkeiten können dazu führen, daß „... nicht jede nützliche Information auch tatsächlich genutzt wird." (*Hacker 1978, S. 347*). Das gilt natürlich auch für die Wahrnehmung von Gefahren. Einer Notiz in der Zeitschrift 'Arbeitsmedizin, Sozialmedizin, Präventivmedizin' 22 (1987) S. X, kann entnommen werden, daß ein Zusammenhang zwischen monotoniegefährdeten Tätigkeiten (sich wiederholende Tätigkeiten mit einer Zyklusdauer von weniger als fünf Minuten) und körperlichen Zwangshaltungen besteht, die als Verursacher von arthrotischen Erkrankungen angesehen werden müssen.

Daueraufmerksamkeit
Ein absolut gefahrenfreier Zustand ist kaum vorstellbar; Arbeitnehmer sind somit – zumindest – Restgefahren bzw. gefährlichen Situationen ausgesetzt. Um Unfälle und damit Schädigungen zu vermeiden, werden an den Gefährdeten verhaltensbezogene Anforderungen gestellt, die zwangsläufig mentale Verarbeitungskapazität erfordern. Somit kann für die Bewältigung der Arbeitsaufgabe nur eine geringere Kapazität zur Verfügung stehen oder anders ausgedrückt, der Arbeitsaufgabe werden Konzentration und Aufmerksamkeit entzogen. Natürlich ist auch der Weg möglich, daß nicht die Arbeitsaufgabe, sondern die Gefahrenwahrnehmung unter den erhöhten Anforderungen leidet. *Ruppert u.a. (1985)* verdeutlichen diesen Zusammenhang und verweisen dabei auch auf den Einfluß der Erkennbarkeit von Gefahren.

Eine Tätigkeit mit Zwang zur Daueraufmerksamkeit stellt nach *Grandjean (1979)* eine mentale Belastungsbedingung dar; solchen Tätigkeiten wird in der Literatur übereinstimmend ein rapider Abfall der psychischen Leistungsbereitschaft nach ca. 30 Minuten zugeordnet (vgl. z.B. *Radl u.a. 1975*), worunter natürlich auch die Aufmerksamkeit für die Gefahrenwahrnehmung leidet.

8.6 Arbeitsumfeldgestaltung

Zur Entstehung sicherheitskritischer Situationen können somit solche Tätigkeiten führen, die eine Daueraufmerksamkeit erfordern:

- Zwang zur Daueraufmerksamkeit auf hohem Niveau bei inhaltlicher Fixierung (z.B. Lösen schwieriger Rechenaufgaben, Dateneingabe)

- Zwang zur Daueraufmerksamkeit, um eine Reaktionsbereitschaft sicherzustellen (z.B. Flaschenkontrolle, Tätigkeiten in einer Meßwarte, Autofahren auf der Autobahn bei wenig Verkehr)

- Zwang zur Daueraufmerksamkeit aufgrund häufig wechselnder Situationen (z.B. Fahr- und Steuertätigkeiten)
  (in Anlehnung an *Schmidtke 1973*).

Damit sind auch Tätigkeiten gemeint, die zu Vigilanzproblemen führen können (vgl. DIN 33 405 'Psychische Belastung und Beanspruchung': herabgesetzte Vigilanz wird auf S. 2 erläutert: „Herabgesetzte Vigilanz wird verstanden als ein bei abwechslungsarmen Beobachtungstätigkeiten langsam entstehender Zustand mit herabgesetzter Signalentdeckungsleistung (z.B. bei Radarschirm- und Instrumentenbeobachtung).")

Handlungsspielraum
Aussagen über den Einfluß einer stärker oder schwächer vorgegebenen Struktur des Arbeitsablaufes auf die Unfallhäufigkeit sind nicht eindeutig. So weisen vor allem Sozialwissenschaftler auf positive Effekte eines breiten Handlungsspielraumes hin (vgl. z.B. *Hullmann u.a. 1986*), während *Hoyos u.a. (1981)* ebenso wie *Kasperek (1986)* in eigenen Untersuchungen feststellten, daß ein fest vorgegebener Ablauf ein geringeres Gefährdungspotential darstellt.
Wegen dieser Widersprüchlichkeit wurde dieses Merkmal nicht aufgenommen.

8.6 Arbeitsumfeldgestaltung

Die Itemauswahl unter diesem Oberbegriff orientiert sich weitgehend an pragmatischen Gesichtspunkten. Es wurden gefährdungsrelevante Bedingungen aufgenommen, die in der Gestaltung des Arbeitsumfeldes begründet und nicht direkt im Arbeitsablauf zu suchen sind. Eingeflossen sind ebenfalls Anregungen aus anderen Verfahren zur Gefährdungsermittlung wie 'Fragebogen zur Sicherheitsdiagnose' (*Hoyos u.a. 1988*) und 'Ergonomische Bewertung von Arbeitssystemen' (*Schmidtke 1976*).

Bei der Einstufung der Items wird wie in den anderen Bereichen auch ein Handlungsbedarf festgelegt. Dieser Handlungsbedarf ist jedoch im Gegensatz zur Ermittlung der unmittelbaren Gefährdungen direkt auf gefährliche Bedingungen bzw. Objekte bezogen, so daß die Einstufung bereits konkrete Hinweise auf entsprechende Maßnahmen enthält. Bei der Ermittlung unmittelbarer Gefährdungen entsteht der Bezug auf die Gestaltungsebene erst bei der Maßnahmenfindung. Die hier aufgeführten Items können damit durchaus Ursachen für bereits festgestellte Gefährdungen sein oder deren Eintritt begünstigen. Folgende Items sollen erfaßt werden:

8.6.1 Bewegungsfläche
8.6.2 Zugänglichkeit des Arbeitsplatzes
8.6.3 Erreichbarkeit selten zu nutzender Eingriffsstellen
8.6.4 Ablagemöglichkeiten
8.6.5 Materialabstellflächen.

8.6.1 Bewegungsfläche

Eine nicht ausreichende Bewegungsfläche am Arbeitsplatz kann das Eintreten vieler Gefährdungen begünstigen und wird daher häufig als erschwerende Bedingung aufgeführt. Die Arbeitsstätten-Verordnung schreibt eine freie, nicht verstellte Bewegungsfläche von $1,5\,m^2$ vor, wobei diese Fläche an keiner Stelle schmaler als 1 m sein darf.

8.6.2 Zugänglichkeit des Arbeitsplatzes

Die Suche nach Gefährdungen orientiert sich meist am Arbeitsablauf; dabei bleiben Gefährdungen, die nur selten auftreten, häufig unberücksichtigt. Arbeitsplätze können z.B. so ungünstig angeordnet sein, daß ein Erreichen nur über sehr enge Wege oder über Hindernissen möglich ist. Neben den Gefährdungen, sich zu stoßen oder herunterzufallen, wirken solche Bedingungen vor allem dann sicherheitsrelevant, wenn der Arbeitsplatz schnell verlassen werden muß.

8.6 Arbeitsumfeldgestaltung

8.6.3 Erreichbarkeit selten zu nutzender Eingriffsstellen

Während bereits nach der Anordnung und Gestaltung von regelmäßig zu betätigenden Stellteilen gefragt wurde, soll nun die Erreichbarkeit solcher Stellen erfaßt werden, die nur seltene Eingriffe des Stelleninhabers erfordern. Häufig sind diese Eingriffsstellen maschinen- oder anlagenorientiert angeordnet und berücksichtigen damit nicht die notwendige Erreichbarkeit z.B. bei der Reinigung, beim Umrüsten oder bei der Wartung (z.B. Lage der Schmiernippel). Eine schlechte Erreichbarkeit kann ungünstige Arbeitshaltungen, die Nutzung von (ungeeigneten) Hilfsmitteln oder ein Herumklettern auf bzw. in der Anlage erfordern.

8.6.4 Ablagemöglichkeiten

Werkzeuge, Arbeitsgegenstände und Hilfsmittel werden häufig an ungeeigneten Stellen abgelegt, wenn keine ausreichenden Ablagen vorhanden sind oder wenn die Ablagen außerhalb des Greifraumes liegen. Verletzungsmöglichkeiten bestehen beim Herabfallen dann nicht nur durch das Getroffen werden, sondern auch infolge einer möglichen Maschinenstörung.
Ausreichend große Ablagen mit rutschfesten Unterlagen im Greifraum und spezielle Aufnahmevorrichtungen für besonders gefährliche Teile (z.B. Scheren, Messer) verringern solche Gefährdungsmöglichkeiten.

8.6.5 Materialabstellflächen

Der Flächenbedarf eines Arbeitsplatzes orientiert sich nicht nur an der notwendigen Maschinen- und Bewegungsfläche, sondern muß auch erforderliche Materialabstellflächen berücksichtigen. Geschieht dies nicht oder nur unzureichend, so können 'zugebaute' Arbeitsplätze oder verstellte Verkehrswege entstehen. Sichtbehinderungen, Einschränkungen der Bewegungsfläche, verstellte Zugänge sowie Behinderungen der Transportvorgänge sind mögliche Folgen und Gefährdungen. Fehlt eine deutliche Kennzeichnung von Materialabstellflächen am Arbeitsplatz, so wird dem Stelleninhaber eine erhöhte Aufmerksamkeit zur Wahrnehmung von Gefährdungen durch Transportvorgänge abgefordert.

Teil III

Gefährdungsregister

Unmittelbare Faktoren: Teil A

Mittelbare Faktoren: Teil B

Leitregeln zur informations-:   Teil C
technischen Gestaltung

TEIL III/A: UNMITTELBARE FAKTOREN

1 MECHANISCHE ENERGIEN

1.1 GEFAHRSTELLEN

1.1.1 QUETSCHSTELLEN

E: Quetschstellen sind Stellen, bei denen sich infolge zwangsgeführter Bewegungen Teile so gegeneinander oder gegen feste Teile bewegen, dass Personen oder deren Körperteile gequetscht werden können.

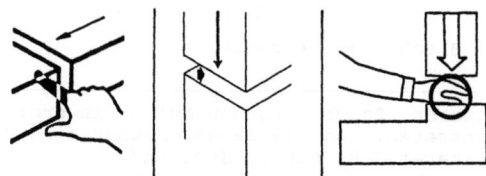

Beispiele: Bewegungen von Vorschubschlitten oder Zubringereinrichtungen; Türen

Welche vorstellbaren **Folgen** können durch die ermittelten Quetschstellen eintreten, und **wie lange** bewegt sich der Gefährdete in unmittelbarer Nähe dieser Stellen?

Schlüssel: Folgenausmass

1 keine Folgen
2 Bagatellfolgen
3 Verletzungs- und Erkrankungsfolgen
4 leichter bleibender Gesundheitsschaden
5 schwerer bleibender Gesundheitsschaden

E: Bei der Folgeneinstufung sind zu berücksichtigen:
- Energieinhalt (Geschwindigkeit, Masse)
- Form der verletzungsbewirkenden Teile (z.B. spitz)
- gefährdetes Körperteil

Schlüssel: Dauer pro Arbeitstag/Schicht

1 kleiner 5 min oder seltener als täglich
2 5 - 30 min
3 30 min - 2 h
4 länger als 2 h aber nicht ständig
5 ständig

Erschwerende Bedingungen können z.B. sein:
schlechte Erkennbarkeit der Gefahr, schlechte Beleuchtung, Aufmerksamkeitsablenkung, hoher Zeitdruck, ungünstige Anordnung/ Gestaltung von Stellteilen, geringer Bewegungsraum

TEIL III/A: UNMITTELBARE FAKTOREN

1.1.2 Scherstellen

E: Scherstellen sind Stellen, bei denen sich Teile aneinander oder an anderen Teilen so vorbeibewegen, dass Personen oder deren Körperteile durchtrennt werden können.

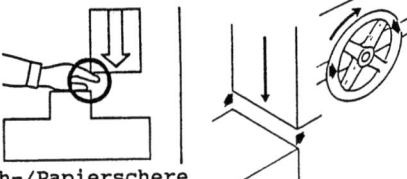

Beispiel: Blech-/Papierschere

Welche vorstellbaren **Folgen** können durch die ermittelten Scherstellen eintreten, und **wie lange** bewegt sich der Gefährdete in unmittelbarer Nähe dieser Stellen?

Schlüssel: Folgenausmass

1 keine Folgen
2 Bagatellfolgen
3 Verletzungs- und Erkrankungsfolgen
4 leichter bleibender Gesundheitsschaden
5 schwerer bleibender Gesundheitsschaden

E: Bei der Folgeneinstufung sind zu berücksichtigen:
- Energieinhalt (Geschwindigkeit, Masse)
- Form der verletzungsbewirkenden Teile (z.B. spitz)
- gefährdetes Körperteil

Schlüssel: Dauer pro Arbeitstag/Schicht

1 kleiner 5 min oder seltener als täglich
2 5 - 30 min
3 30 min - 2 h
4 länger als 2 h aber nicht ständig
5 ständig

Erschwerende Bedingungen können z.B. sein:
schlechte Erkennbarkeit der Gefahr, schlechte Beleuchtung, Aufmerksamkeitsablenkung, hoher Zeitdruck, ungünstige Anordnung/ Gestaltung von Stellteilen, geringer Bewegungsraum

TEIL III/A: UNMITTELBARE FAKTOREN

1.1.3 SCHNEID-, STICH- oder STOSSSTELLEN

E: Schneid-, Stich- oder Stossstellen sind Stellen, bei denen bewegte, scharfe, spitze oder stumpfe Teile Personen oder deren Körperteile verletzen können.

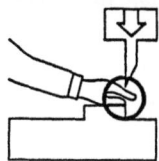  

Beispiele: Nähmaschinen, Bewegungen von Handhabungshilfen, Schneidpressen

Welche vorstellbaren **Folgen** können durch die ermittelten Schneid-, Stich- oder Stossstellen eintreten, und **wie lange** bewegt sich der Gefährdete in unmittelbarer Nähe dieser Stellen?

Schlüssel: Folgenausmass

1 keine Folgen
2 Bagatellfolgen
3 Verletzungs- und Erkrankungsfolgen
4 leichter bleibender Gesundheitsschaden
5 schwerer bleibender Gesundheitsschaden

E: Bei der Folgeneinstufung sind zu berücksichtigen:
 - Energieinhalt (Geschwindigkeit, Masse)
 - Grösse/Ausmass/Form der verletzungsbewirkenden Teile (z.B. spitz, Breite, Länge, Durchmesser)
 - gefährdetes Körperteil

Schlüssel: Dauer pro Arbeitstag/Schicht

1 kleiner 5 min oder seltener als täglich
2 5 - 30 min
3 30 min - 2 h
4 länger als 2 h aber nicht ständig
5 ständig

Erschwerende Bedingungen können z.B. sein:
schlechte Erkennbarkeit der Gefahr, schlechte Beleuchtung, Aufmerksamkeitsablenkung, hoher Zeitdruck, ungünstige Anordnung/Gestaltung von Stellteilen, geringer Bewegungsraum

1.1.4 FANGSTELLEN

E: Fangstellen sind Stellen, bei denen sich vorstehende scharfe Kanten, Zähne, Keile, Schrauben, Schmiernippel, Wellen, Wellenenden usw. so bewegen, dass Personen, deren Körperteile oder deren Bekleidung erfasst und mitgerissen werden können

Welche vorstellbaren **Folgen** können durch die ermittelten Fangstellen eintreten, und **wie lange** bewegt sich der Gefährdete in unmittelbarer Nähe dieser Stellen?

Schlüssel: Folgenausmass

1 keine Folgen
2 Bagatellfolgen
3 Verletzungs- und Erkrankungsfolgen
4 leichter bleibender Gesundheitsschaden
5 schwerer bleibender Gesundheitsschaden

E: Bei der Folgeneinstufung sind zu berücksichtigen:
- Energieinhalt (Geschwindigkeit)
- Form der verletzungsbewirkenden Teile (z.B. glatt, gebogen, gekröpft)
- gefährdetes Körperteil

Schlüssel: Dauer pro Arbeitstag/Schicht

1 kleiner 5 min oder seltener als täglich
2 5 - 30 min
3 30 min - 2 h
4 länger als 2 h aber nicht ständig
5 ständig

Erschwerende Bedingungen können z.B. sein:
schlechte Erkennbarkeit der Gefahr, schlechte Beleuchtung, Aufmerksamkeitsablenkung, hoher Zeitdruck, ungünstig Anordnung/ Gestaltung von Stellteilen, elektrostatische Aufladungen, schlechte Erreichbarkeit des NOT-AUS Schalters, erforderliche Schutzkleidung, geringer Bewegungsraum

TEIL III/A: UNMITTELBARE FAKTOREN

1.1.5 EINZUGSTELLEN

E: Einzugstellen sind Stellen, bei denen sich Teile so bewegen, dass sich eine Verengung bildet, in die Personen, deren Körperteile oder deren Bekleidungsteile hineingezogen werden können.

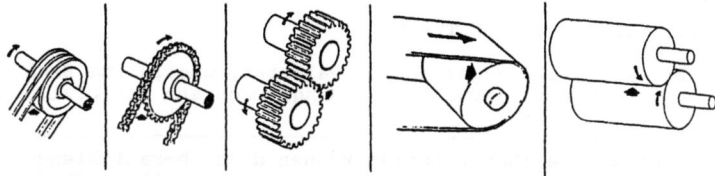

Beispiele: Kalander, Umlenkwalzen, Kettenräder, Aufwickeleinrichtungen

Welche vorstellbaren **Folgen** können durch die ermittelten Einzugstellen eintreten, und **wie lange** bewegt sich der Gefährdete in unmittelbarer Nähe dieser Stellen?

Schlüssel: Folgenausmass

1 keine Folgen
2 Bagatellfolgen
3 Verletzungs- und Erkrankungsfolgen
4 leichter bleibender Gesundheitsschaden
5 schwerer bleibender Gesundheitsschaden

E: Bei der Folgeneinstufung sind zu berücksichtigen:
- Energieinhalt (Geschwindigkeit, Masse)
- Gestaltung der Einzugstellen (z.B. Spaltgrösse)
- gefährdetes Körperteil

Schlüssel: Dauer pro Arbeitstag/Schicht

1 kleiner 5 min oder seltener als täglich
2 5 - 30 min
3 30 min - 2 h
4 länger als 2 h aber nicht ständig
5 ständig

Erschwerende Bedingungen können z.B. sein:
schlechte Erkennbarkeit der Gefahr, schlechte Beleuchtung, Aufmerksamkeitsablenkung, hoher Zeitdruck, ungünstige Anordnung/Gestaltung von Stellteilen, geringer Bewegungsraum, elektrostatische Aufladungen, schlechte Erreichbarkeit des NOT-AUS Schalters

1.2 GEFAHRQUELLEN

E: Gefahrquellen entstehen durch freie, nicht zwangsgeführte Bewegungen von Arbeitsmitteln oder sonstigen Gegenständen

1.2.1 HERABFALLENDE TEILE

E: Z.B. falsch gestapelte Paletten, überfüllte Behälter, Werkzeuge/-stücke, von Hängeförderern herabfallende Teile

> Welche vorstellbaren **Folgen** können durch herabfallende Teile oder Gegenstände eintreten, und **wie lange** hält sich der Gefährdete in dem Bereich der möglichen Aufprallstelle bzw. in der Fallinie auf?

Schlüssel: Folgenausmass

1 keine Folgen
2 Bagatellfolgen
3 Verletzungs- und Erkrankungsfolgen
4 leichter bleibender Gesundheitsschaden
5 schwerer bleibender Gesundheitsschaden

E: Bei der Folgeneinstufung sind zu berücksichtigen:
- Energieinhalt (Fallhöhe, Geschwindigkeit, Masse)
- Form der verletzungsbewirkenden Teile (z.B. spitz)
- gefährdetes Körperteil

Schlüssel: Dauer pro Arbeitstag/Schicht

1 kleiner 5 min oder seltener als täglich
2 5 - 30 min
3 30 min - 2 h
4 länger als 2 h aber nicht ständig
5 ständig

Erschwerende Bedingungen können z.B. sein:
schlechte Erkennbarkeit der Gefahr, Aufmerksamkeitsablenkung, hoher Zeitdruck, keine Vorhersehbarkeit der Bewegungsrichtung, schlechte Ausweichmöglichkeiten, starke mechanische Schwingungen

TEIL III/A: UNMITTELBARE FAKTOREN

1.2.2 WEGFLIEGENDE TEILE

E: Z.B. Späne, unter Überdruck stehende Medien

> Welche vorstellbaren **Folgen** können durch wegfliegende Teile, Medien oder Gegenstände eintreten, und **wie lange** hält sich der Gefährdete in dem Bereich der möglichen Aufprallstelle oder in der Flugbahn auf?

Schlüssel: Folgenausmass

1	keine Folgen
2	Bagatellfolgen
3	Verletzungs- und Erkrankungsfolgen
4	leichter bleibender Gesundheitsschaden
5	schwerer bleibender Gesundheitsschaden

E: Bei der Folgeneinstufung sind zu berücksichtigen:
- Energieinhalt (Geschwindigkeit, Masse)
- Form der verletzungsbewirkenden Teile (z.B. spitz)
- gefährdetes Körperteil

Schlüssel: Dauer pro Arbeitstag/Schicht

1	kleiner 5 min oder seltener als täglich
2	5 - 30 min
3	30 min - 2 h
4	länger als 2 h aber nicht ständig
5	ständig

Erschwerende Bedingungen können z.B. sein:
schlechte Erkennbarkeit der Gefahr, schlechte Beleuchtung, Aufmerksamkeitsablenkung, hoher Zeitdruck, keine Vorhersehbarkeit der Bewegungsrichtung, breite Streuung der wegfliegenden Teile, schlechte Ausweichmöglichkeiten, heisse Teile

1.2.3 HERUMSCHLAGENDE TEILE

E: Z.B. aufgerollter Draht, der sich plötzlich entspannt; freie Enden bei Aufwickelvorgängen

> Welche vorstellbaren **Folgen** können durch herumschlagende Teile eintreten, und **wie lange** hält sich der Gefährdete in dem Bereich bzw. in dem Raum auf, der von den herumschlagenden Teilen ausgefüllt werden kann?

Schlüssel: Folgenausmass

1 keine Folgen
2 Bagatellfolgen
3 Verletzungs- und Erkrankungsfolgen
4 leichter bleibender Gesundheitsschaden
5 schwerer bleibender Gesundheitsschaden

E: Bei der Folgeneinstufung sind zu berücksichtigen:
- Energieinhalt (Geschwindigkeit, Masse)
- Form/Art der verletzungsbewirkenden Teile (z.B. glatt, kantig, breit, schmal, starr, biegsam)
- gefährdetes Körperteil

Schlüssel: Dauer pro Arbeitstag/Schicht

1 kleiner 5 min oder seltener als täglich
2 5 - 30 min
3 30 min - 2 h
4 länger als 2 h aber nicht ständig
5 ständig

Erschwerende Bedingungen können z.B. sein:
schlechte Erkennbarkeit der Gefahr, schlechte Beleuchtung, Aufmerksamkeitsablenkung, hoher Zeitdruck, keine Vorhersehbarkeit der Bewegungsrichtung, schlechte Ausweichmöglichkeiten

TEIL III/A: UNMITTELBARE FAKTOREN 127

1.2.4 KIPPENDE TEILE

E: Z.B. Gegenstände mit schlechter Standsicherheit

Welche vorstellbaren **Folgen** können durch kippende Teile oder Gegenstände eintreten, und **wie lange** hält sich der Gefährdete in dem Bereich der möglichen Aufprallstelle bzw. in der Bahn auf, die von den kippenden Teilen beschrieben werden kann?

Schlüssel: Folgenausmass

1 keine Folgen
2 Bagatellfolgen
3 Verletzungs- und Erkrankungsfolgen
4 leichter bleibender Gesundheitsschaden
5 schwerer bleibender Gesundheitsschaden

E: Bei der Folgeneinstufung sind zu berücksichtigen:
- Energieinhalt (Geschwindigkeit, Masse)
- Form/Grösse der verletzungsbewirkenden Teile (z.B. spitz)
- gefährdetes Körperteil

Schlüssel: Dauer pro Arbeitstag/Schicht

1 kleiner 5 min oder seltener als täglich
2 5 - 30 min
3 30 min - 2 h
4 länger als 2 h aber nicht ständig
5 ständig

Erschwerende Bedingungen können z.B. sein:
schlechte Erkennbarkeit der Gefahr, schlechte Beleuchtung, Aufmerksamkeitsablenkung, hoher Zeitdruck, keine Vorhersehbarkeit der Bewegungsrichtung, schlechte Ausweichmöglichkeiten, starke mechanische Schwingungen

1.2.5 PENDELNDE GEGENSTÄNDE

E: Z.B. bei Lastentransporten mit Kränen/Zügen

> Welche vorstellbaren **Folgen** können durch pendelnde Gegenstände eintreten, und **wie lange** hält sich der Gefährdete in dem Bereich bzw. in dem Raum auf, der von pendelnden Gegenständen ausgefüllt werden kann?

Schlüssel: Folgenausmass

1 keine Folgen
2 Bagatellfolgen
3 Verletzungs- und Erkrankungsfolgen
4 leichter bleibender Gesundheitsschaden
5 schwerer bleibender Gesundheitsschaden

E: Bei der Folgeneinstufung sind zu berücksichtigen:
- Energieinhalt (Geschwindigkeit, Masse)
- Form der verletzungsbewirkenden Teile (z.B. spitz)
- gefährdetes Körperteil

Schlüssel: Dauer pro Arbeitstag/Schicht

1 kleiner 5 min oder seltener als täglich
2 5 - 30 min
3 30 min - 2 h
4 länger als 2 h aber nicht ständig
5 ständig

Erschwerende Bedingungen können z.B. sein:
schlechte Erkennbarkeit der Gefahr, schlechte Beleuchtung, Aufmerksamkeitsablenkung, hoher Zeitdruck, keine Vorhersehbarkeit der Bewegungsrichtung, schlechte Ausweichmöglichkeiten

TEIL III/A: UNMITTELBARE FAKTOREN 129

1.2.6 ROLLENDE GEGENSTÄNDE

E: Z.B. Fässer, Rohre, Bälle

> Welche vorstellbaren **Folgen** können durch rollende Gegenstände eintreten, und **wie lange** hält sich der Gefährdete in der Bahn auf, die von rollenden Gegenständen beschrieben werden kann?

Schlüssel: Folgenausmass

1 keine Folgen
2 Bagatellfolgen
3 Verletzungs- und Erkrankungsfolgen
4 leichter bleibender Gesundheitsschaden
5 schwerer bleibender Gesundheitsschaden

E: Bei der Folgeneinstufung sind zu berücksichtigen:
- Energieinhalt (Geschwindigkeit, Masse)
- Grösse der verletzungsbewirkenden Teile
- gefährdetes Körperteil

Schlüssel: Dauer pro Arbeitstag/Schicht

1 kleiner 5 min oder seltener als täglich
2 5 - 30 min
3 30 min - 2 h
4 länger als 2 h aber nicht ständig
5 ständig

Erschwerende Bedingungen können z.B. sein:
schlechte Erkennbarkeit der Gefahr, schlechte Beleuchtung, Aufmerksamkeitsablenkung, hoher Zeitdruck, keine Vorhersehbarkeit der Bewegungsrichtung, schlechte Ausweichmöglichkeiten

1.2.7 GLEITENDE/RUTSCHENDE GEGENSTÄNDE

E: Gegenstände auf Rollenbahnen oder rutschigen Untergründen

> Welche vorstellbaren **Folgen** können durch gleitende/rutschende Gegenstände eintreten, und **wie lange** hält sich der Gefährdete in der Bahn auf, die von gleitenden/rutschenden Gegenständen beschrieben werden kann?

Schlüssel: Folgenausmass

1. keine Folgen
2. Bagatellfolgen
3. Verletzungs- und Erkrankungsfolgen
4. leichter bleibender Gesundheitsschaden
5. schwerer bleibender Gesundheitsschaden

E: Bei der Folgeneinstufung sind zu berücksichtigen:
- Energieinhalt (Geschwindigkeit, Masse)
- Form/Art der gleitenden/rutschenden Teile
- gefährdetes Körperteil

Schlüssel: Dauer pro Arbeitstag/Schicht

1. kleiner 5 min oder seltener als täglich
2. 5 - 30 min
3. 30 min - 2 h
4. länger als 2 h aber nicht ständig
5. ständig

Erschwerende Bedingungen können z.B. sein:
schlechte Erkennbarkeit der Gefahr, schlechte Beleuchtung, Aufmerksamkeitsablenkung, hoher Zeitdruck, keine Vorhersehbarkeit der Bewegungsrichtung, schlechte Ausweichmöglichkeiten

TEIL III/A: UNMITTELBARE FAKTOREN

1.3 BEWEGTE ARBEITS-/TRANSPORTMITTEL

Welche vorstellbaren **Folgen** können durch ortsveränderliche Arbeits-/Transportmittel eintreten, und **wie lange** hält sich der Gefährdete in deren Wirkbereich (z.B. Verkehrswege, Rampe) auf?

1.3.1 Von ortsveränderlichen Arbeitsmitteln getroffen werden

1.3.2 Von Transportmitteln getroffen werden

Schlüssel: Folgenausmass

1 keine Folgen
2 Bagatellfolgen
3 Verletzungs- und Erkrankungsfolgen
4 leichter bleibender Gesundheitsschaden
5 schwerer bleibender Gesundheitsschaden

E: Bei der Folgeneinstufung sind zu berücksichtigen:
 - Energieinhalt (Geschwindigkeit, Masse)
 - Form der verletzungsbewirkenden Teile (z.B. spitz)
 - gefährdetes Körperteil

Schlüssel: Dauer pro Arbeitstag/Schicht

1 kleiner 5 min oder seltener als täglich
2 5 - 30 min
3 30 min - 2 h
4 länger als 2 h aber nicht ständig
5 ständig

Erschwerende Bedingungen können z.B. sein:
hohes Verkehrsaufkommen, unklare Verkehrsführung, enge Wege, schlechte Ausweichmöglichkeiten, schlechte Erkennbarkeit der Gefahr, schlechte Beleuchtung, Aufmerksamkeitsablenkung, hoher Zeitdruck

1.3.3 Beschleunigungen

E: Beschleunigungen sind Änderungen der Geschwindigkeit nach Betrag und/oder Richtung; Beispiele: gewollte/ungewollte Abbremsvorgänge, Unebenheiten auf Fahrwegen, Kippen des Fahrzeuges

> Welche vorstellbaren **Folgen** können beim Aufprallen infolge von Beschleunigungsänderungen in einem bewegten System eintreten, und **wie lange** hält sich der Gefährdete in diesem System auf?

Schlüssel: Folgenausmass

1 keine Folgen
2 Bagatellfolgen
3 Verletzungs- und Erkrankungsfolgen
4 leichter bleibender Gesundheitsschaden
5 schwerer bleibender Gesundheitsschaden

E: Bei der Folgeneinstufung sind zu berücksichtigen:
- Höhe der Geschwindigkeitsänderung
- Art/Gestaltung des beschleunigten Systems
- gefährdetes Körperteil

Schlüssel: Dauer pro Arbeitstag/Schicht

1 kleiner 5 min oder seltener als täglich
2 5 - 30 min
3 30 min - 2 h
4 länger als 2 h aber nicht ständig
5 ständig

Erschwerende Bedingungen können z.B. sein:
schlechte Erkennbarkeit/Vorhersehbarkeit der Gefahr, schlechte Beleuchtung, Aufmerksamkeitsablenkung, enge Wege

TEIL III/A: UNMITTELBARE FAKTOREN 133

1.4 GEFÄHRLICHE OBERFLÄCHEN

Welche vorstellbaren **Folgen** können bei einer Gefährdung durch die angeführten gefährlichen Oberflächen eintreten, und **wie lange** bewegt sich der Gefährdete in unmittelbarer Nähe dieser Oberflächen bzw. **wie lange** arbeitet der Gefährdete mit diesen Oberflächen (z.B. scharfe oder spitze Werkzeuge)?

1.4.1 Sich an scharfen Kanten schneiden

1.4.2 Sich an eckigen oder spitzen Gegenständen verletzen

1.4.3 Sich an rauhen Oberflächen verletzen

1.4.4 Gegen hervorstehende Teile laufen/sich stossen

(Fortsetzung s. nächste Seite)

Schlüssel: Folgenausmass

1 keine Folgen
2 Bagatellfolgen
3 Verletzungs- und Erkrankungsfolgen
4 leichter bleibender Gesundheitsschaden
5 schwerer bleibender Gesundheitsschaden

E: Bei der Folgeneinstufung sind zu berücksichtigen:
- Energieinhalt der Bewegung des Menschen
- Anpressdruck
- Art/Gestaltung der Oberflächen
- gefährdetes Körperteil

Schlüssel: Dauer pro Arbeitstag/Schicht

1 kleiner 5 min oder seltener als täglich
2 5 - 30 min
3 30 min - 2 h
4 länger als 2 h aber nicht ständig
5 ständig

Erschwerende Bedingungen können z.B. sein:
schlechte Erkennbarkeit der Gefahr (z.B. fehlende Kontraste), schlechte Beleuchtung, geringe Bewegungsfläche, hoher Zeitdruck, Aufmerksamkeitsablenkung, Infektionsgefahr

1.4.5 SICH KLEMMEN/SICH QUETSCHEN

Welche vorstellbaren **Folgen** können entstehen, wenn sich der Gefährdete bei manuellen Transporttätigkeiten (wie z.B. Tragen, Ablegen) zwischen zwei Oberflächen klemmt bzw. quetscht, und **wie lange** führt der Gefährdete solche Tätigkeiten aus?

Schlüssel: Folgenausmass

1 keine Folgen
2 Bagatellfolgen
3 Verletzungs- und Erkrankungsfolgen
4 leichter bleibender Gesundheitsschaden
5 schwerer bleibender Gesundheitsschaden

E: Bei der Folgeneinstufung sind zu berücksichtigen:
- Energieinhalt (Geschwindigkeit, Masse)
- Anpressdruck
- Art/Gestaltung der Oberflächen
- gefährdetes Körperteil

Schlüssel: Dauer pro Arbeitstag/Schicht

1 kleiner 5 min oder seltener als täglich
2 5 - 30 min
3 30 min - 2 h
4 länger als 2 h aber nicht ständig
5 ständig

Erschwerende Bedingungen können z.B. sein:
grosses und unübersichtliches Transportgut, schlechte Erkennbarkeit der Gefahr, schlechte Beleuchtung, Aufmerksamkeitsablenkung, hoher Zeitdruck, schwere Lasten, geringer Bewegungsraum, ungünstige Gestaltung von Ablageflächen

TEIL III/A: UNMITTELBARE FAKTOREN 135

1.5 TRITTUNSICHERHEIT

Welche vorstellbaren **Folgen** können durch die unten angegebenen Gefährdungen der Tritt- und Stehsicherheit entstehen, und wie lange bewegt sich der Gefährdete in deren unmittelbarer Nähe?

1.5.1 Durch Unebenheiten/an Höhenunterschieden stolpern, (z.B. Löcher, Schrägen, Absätze, Stufen)

1.5.2 An festen Hindernissen stolpern

1.5.3 Über herumstehende/-liegende Gegenstände stolpern (z.B. Behälter, Paletten, Werkzeuge)

1.5.4 Ausrutschen/ausgleiten durch zu geringe Reibung auf den Tritt-/Standflächen (z.B. durch Nässe, Glätte)

(Fortsetzung s. nächste Seite)

Schlüssel: Folgenausmass

1 keine Folgen
2 Bagatellfolgen
3 Verletzungs- und Erkrankungsfolgen
4 leichter bleibender Gesundheitsschaden
5 schwerer bleibender Gesundheitsschaden

E: Bei der Folgeneinstufung sind zu berücksichtigen:
- Energieinhalt der Bewegung des Menschen
- Form/Gestaltung der Stolperstellen
- Beschaffenheit der Ausgleit- bzw. Aufprallfläche

Schlüssel: Dauer pro Arbeitstag/Schicht

1 kleiner 5 min oder seltener als täglich
2 5 - 30 min
3 30 min - 2 h
4 länger als 2 h aber nicht ständig
5 ständig

Erschwerende Bedingungen können z.B. sein:
schlechte Erkennbarkeit der Gefahr (fehlende Hell-, Dunkel- und Farbkontraste), schlechte Beleuchtung, Aufmerksamkeitsablenkung, hoher Zeitdruck

1.5.5 ABSTURZGEFÄHRDUNG

E: Absturzmöglichkeiten sind dann gegeben, wenn die Fallhöhe mehr als 1 m beträgt.
Folgende Zustände/Situationen deuten auf Absturzmöglichkeiten hin: fehlender Handlauf an Treppen oder Stiegen; fehlende Absperrung bzw. keine Umwehrung von höher gelegenen Arbeitsplätzen; schmale Trittflächen; fehlende Trittflächen zum Besteigen von Maschinen/Anlagen

Welche vorstellbaren **Folgen** können beim Fallen/Abstürzen von höhergelegenen Arbeits-/Aufenthaltsplätzen entstehen, und **wie lange** führt der Gefährdete Tätigkeiten aus, bei denen eine Absturzgefährdung besteht?

Schlüssel: Folgenausmass

1 keine Folgen
2 Bagatellfolgen
3 Verletzungs- und Erkrankungsfolgen
4 leichter bleibender Gesundheitsschaden
5 schwerer bleibender Gesundheitsschaden

E: Bei der Folgeneinstufung sind zu berücksichtigen:
- Fallhöhe.
- Beschaffenheit der Aufprallfläche

Schlüssel: Dauer pro Arbeitstag/Schicht

1 kleiner 5 min oder seltener als täglich
2 5 - 30 min
3 30 min - 2 h
4 länger als 2 h aber nicht ständig
5 ständig

Erschwerende Bedingungen können z.B. sein:
schlechte Erkennbarkeit der Gefahr, schlechte Beleuchtung, Aufmerksamkeitsablenkung, hoher Zeitdruck, hohe sensumotorische Anforderungen, rutschige/glitschige Trittflächen, hohe mechanische Schwingungen

TEIL III/A: UNMITTELBARE FAKTOREN 137

2 ELEKTRISCHE ENERGIEN

2.1 BERÜHREN UNTER SPANNUNG STEHENDER TEILE

E: Bei der Suche nach Gefährdungen sollte auf folgende typische Mängel an elektrischen Anlagen geachtet werden: nicht gegen direktes Berühren gesicherte unter Spannung stehende Teile, fehlende Abdeckungen, defekte oder nicht ausreichende Isolierung, defekte Schalter oder Steckdosen, Reparaturen an stromführenden Gegenständen, improvisierte Mängelbeseitigung (z.B. Überbrückung einer Sicherung), unterbrochene oder falsch angeschlossene Schutzleiter, unzureichender Schutz ortsveränderlicher elektrischer Leitungen vor mechanischen Beschädigungen.

Welche vorstellbaren **Folgen** können durch eine Stromeinwirkung auftreten, und **wie lange** bewegt sich der Gefährdete in unmittelbarer Nähe solcher Gefährdungen?

(Hinweise zur Bewertung folgen auf der nächsten Seite)

Schlüssel: Folgenausmass

1 keine Folgen
2 Bagatellfolgen
3 Verletzungs- und Erkrankungsfolgen
4 leichter bleibender Gesundheitsschaden
5 schwerer bleibender Gesundheitsschaden

E: Bei der Folgeneinstufung sind zu berücksichtigen:
 - Höhe der Berührungsspannung
 - Stromweg im Körper
 - Übergangswiderstände
 - Einwirkdauer

Schlüssel: Dauer pro Arbeitstag/Schicht

1 kleiner 5 min oder seltener als täglich
2 5 - 30 min
3 30 min - 2 h
4 länger als 2 h aber nicht ständig
5 ständig

Erschwerende Bedingungen können z.B. sein:
schlechte Beleuchtung, hoher Zeitdruck, geringer Bewegungsraum, schlechte Trittsicherheit, Abstimmungserfordernisse, Reparaturen an unbekannten Anlagen, keine ständige Betreuung der elektrischen Anlage durch Fachleute

Hinweise zur Bewertung von Gefährdungen durch Stromeinwirkung

Die Wirkung einer Stromdurchflutung des Körpers ist primär abhängig von der Körperstromstärke und deren Einwirkzeit.
Die Höhe der Körperstromstärke ergibt sich aus:

o Höhe der Berührungsspannung (U in Volt)

o Wert des elektrischen Körperwiderstandes (Z_K in Ohm), wobei dieser durch den Stromweg im Körper bestimmt wird (s. folgende Abbildung)

o Stromweg: Je nach Stromweg wirken unterschiedlich grosse Anteile der Körperstromstärke auf das Herz; Herzstromfaktoren (k_h) berücksichtigen diesen Zusammenhang (s. folgende Abbildung)

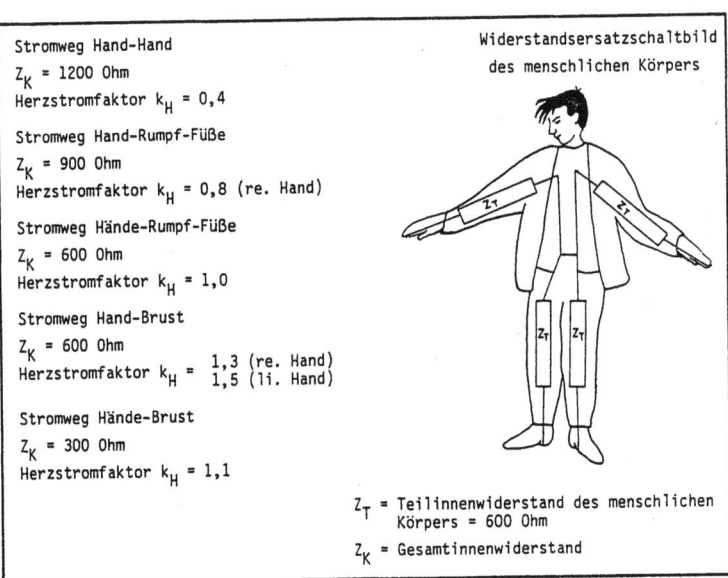

Körperinnenwiderstände und Herzstromfaktoren
(nach KIEBACK u.a. 1985, S. 16)

o Übergangswiderstand ($Z_ü$ in Ohm): Er wird hauptsächlich bestimmt durch das getragene Schuhwerk und den Widerstandswert des Standortes (z.B. Leitfähigkeit des Fussbodens: z.B. trocken oder feucht). Je nach Art und Zustand können die Werte zwischen hundert und einigen tausend Ohm betragen (z.B. dicke, nicht leitende Schuhsohlen und trockener Untergrund besitzen einen Widerstand von ca. 10.000 Ohm, während Schuhe mit dünnen,

TEIL III/A: UNMITTELBARE FAKTOREN

feuchten Sohlen lediglich 70 Ohm aufweisen). Gute Isolationsbedingungen führen zu einer deutlichen Erhöhung des Widerstandes und verringern somit die Gefährdung.

o Die genannten Grössen werden mit der OHMSCHEN REGEL verknüpft:

$$I = \frac{U}{Z_k + Z_\ddot{u}} \times k_h$$

o Weniger stark beeinflussend dagegen sind die Frequenz des Stromes und die Stromart; wobei Wechselstrom deutlich gefährlicher ist als Gleichstrom.

Für die Ermittlung der Folgen liefert die nachstehende Abbildung Orientierungswerte.

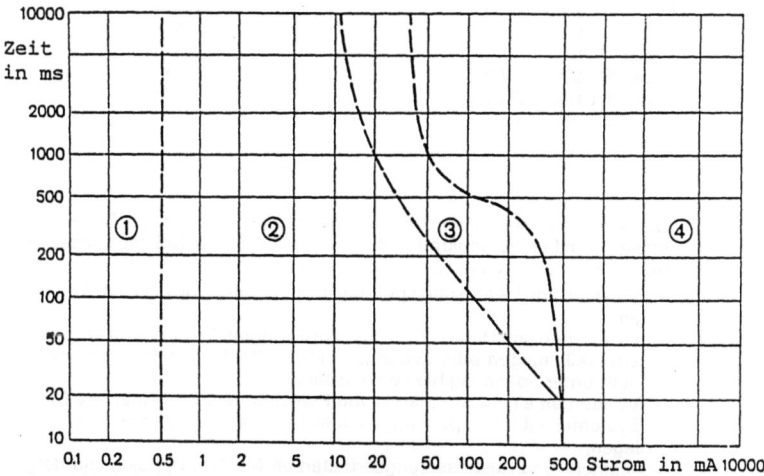

Bereich 1: Normalerweise keinerlei Auswirkungen und Reaktion bis zur Wahrnehmungsschwelle.

Bereich 2: Normalerweise keine schädlichen physiologischen Wirkungen bis zur Loslassgrenze.

Bereich 3: Normalerweise keine Organschäden zu erwarten. Mit zunehmender Stromstärke und Zeitdauer der Stromeinwirkung reversible Störung der Reizbildung und Reizleitung im Herzen zu erwarten, einschließlich Vorhofflimmern und vorübergehender kurzzeitiger Herzstillstand und im Bereich längerer Einwirkdauer oberhalb der Loslassgrenze sind Muskelkontraktionen und Atemschwierigkeiten wahrscheinlich.

Bereich 4: Herzkammerflimmern wahrscheinlich. Mit zunehmender Stromstärke und Einwirkdauer pathophysiologische Effekte wie Herzstillstand, Atemstillstand und schwere Verbrennungen zusätzlich zu den Wirkungen im Bereich 3.

Gefährdungsbereiche nach IEC/CEI Publikation 479 (KIEBACK u.a. 1985, S. 18)

2.2 ARBEITEN IN DER NÄHE VON UNTER HOCHSPANNUNG STEHENDEN TEILEN

E: Bei der Annäherung an unter Hochspannung stehende Teile kann es zu Lichtbögen und damit zu Gefährdungen kommen. Zur Vermeidung dieser Gefährdungen sind bestimmte Sicherheitsabstände einzuhalten (s. dazu VBG 4, Durchführungsanweisung zu §7):

Tabelle 3:
Schutzabstände in Abhängigkeit von der Nennspannung bei Arbeiten im Sinne des § 3 Abs. 1 in der Nähe unter Spannung stehender aktiver Teile für die unten aufgeführten Tätigkeiten

Nennspannung	Schutzabstand von unter Spannung stehenden Teilen ohne Schutz gegen direktes Berühren
bis 1000 V	0,5 m
über 1 bis 30 kV	1,5 m
über 30 bis 110 kV	2,0 m
über 110 bis 220 kV	3,0 m
über 220 bis 380 kV	4,0 m

Die Schutzabstände nach Tabelle 3 gelten für die folgenden Tätigkeiten, wenn diese durch Elektrofachkräfte oder durch elektrotechnisch unterwiesene Personen oder unter deren Aufsicht ausgeführt werden:
— Bewegen von Leitern und sperrigen Gegenständen in der Nähe von Freileitungen,
— Hochziehen und Herablassen von Werkzeugen, Material und dergleichen, sofern Freileitungen oder Leitungen in Freiluftanlagen unterhalb einer Arbeitsstelle unter Spannung bleiben müssen,
— Arbeiten an einem Stromkreis von Freileitungen, wenn mehrere Stromkreise (Systeme) mit Nennspannungen über 1 kV auf einem gemeinsamen Gestänge liegen,
— Anstrich- und Ausbesserungsarbeiten an Masten, Portalen und dergleichen von Freileitungen unter besonderen in den elektrotechnischen Regeln beschriebenen Voraussetzungen,
— Arbeiten an Freiluftanlagen.

Bei allen anderen Tätigkeiten, z.B. bei Bau-, Montage-, Transport-, Anstrich- und Ausbesserungsarbeiten (ohne Aufsicht), bei Gerüstbauarbeiten, Arbeiten mit Hebezeugen, Baumaschinen, Fördergeräten oder sonstigen Geräten und Bauhilfsmitteln sind die Forderungen hinsichtlich der zulässigen Annäherungen erfüllt, wenn die Schutzabstände nach Tabelle 4 nicht unterschritten werden.

In Ausnahmefällen dürfen die Schutzabstände der Tabelle 4 auf die Abstände von Tabelle 3 reduziert werden, wenn die Arbeiten unter ständiger Aufsicht durch Elektrofachkräfte oder elektrotechnisch unterwiesene Personen der Betreiber der entsprechenden elektrischen Anlagen ausgeführt werden.

TEIL III/A: UNMITTELBARE FAKTOREN

Tabelle 4:
Schutzabstände in Abhängigkeit von der Nennspannung bei Bauarbeiten und sonstigen nichtelektrotechnischen Arbeiten in der Nähe unter Spannung stehender aktiver Teile.

Nennspannung	Schutzabstand von unter Spannung stehenden Teilen ohne Schutz gegen direktes Berühren
bis 1000 V	1,0 m
über 1 bis 110 kV	3,0 m
über 110 bis 220 kV	4,0 m
über 220 bis 380 kV	5,0 m

Die Schutzabstände nach Tabelle 4 müssen auch beim Ausschwingen von Lasten, Tragmitteln und Lastaufnahmemitteln eingehalten werden. Dabei muß auch ein Ausschwingen des Leiterseiles berücksichtigt werden."

2.2

Welche vorstellbaren **Folgen** können durch Arbeiten in der Nähe von unter Hochspannung stehenden Teilen eintreten, und **wie lange** hält sich der Gefährdete in dem räumlichen Bereich dieser Gefährdung auf?

Schlüssel: Folgenausmass

1. keine Folgen
2. Bagatellfolgen
3. Verletzungs- und Erkrankungsfolgen
4. leichter bleibender Gesundheitsschaden
5. schwerer bleibender Gesundheitsschaden

E: Bei der Folgeneinstufung sind zu berücksichtigen:
- Höhe der Spannung
- Abstand zu den unter Spannung stehenden Teilen

Schlüssel: Dauer pro Arbeitstag/Schicht

1. kleiner 5 min oder seltener als täglich
2. 5 - 30 min
3. 30 min - 2 h
4. länger als 2 h aber nicht ständig
5. ständig

Erschwerende Bedingungen können z.B. sein:
schlechte Beleuchtung, hoher Zeitdruck, geringer Bewegungsraum, ungeeignete Werkzeuge, viele Werkzeuge oder Hilfsmittel

3 CHEMISCHE ENERGIEN

3.1 BRAND- UND EXPLOSIONSGEFÄHRDUNG

3.1.1 EXPLOSIONSGEFÄHRLICHE STOFFE

E: Solche Stoffe werden mit "E" gekennzeichnet.

> Welche vorstellbaren **Folgen** können durch Explosionen entstehen, und **wie lange** hält sich der Gefährdete im explosionsgefährdeten Bereich auf?

Schlüssel: Folgenausmass

1 keine Folgen
2 Bagatellfolgen
3 Verletzungs- und Erkrankungsfolgen
4 leichter bleibender Gesundheitsschaden
5 schwerer bleibender Gesundheitsschaden

E: Bei der Folgeneinstufung sind zu berücksichtigen:
- Entzündlichkeit/Explosionsfähigkeit des Stoffes
- Konzentration des Stoffes

Schlüssel: Dauer pro Arbeitstag/Schicht

1 kleiner 5 min oder seltener als täglich
2 5 - 30 min
3 30 min - 2 h
4 länger als 2 h aber nicht ständig
5 ständig

Erschwerende Bedingungen können z.B. sein:
mögliche Zündquellen, schlechte Erkennbarkeit/keine Anzeige einer sich bildenden Explosion, erhöhter Sauerstoffanteil in der Luft, elektrostatische Auladungen, grosse Oberfläche der Stoffe, schlecht/nicht ausgeschilderte Fluchtwege

TEIL III/A: UNMITTELBARE FAKTOREN

BRANDGEFÄHRLICHE STOFFE

Welche vorstellbaren **Folgen** können durch Brände entstehen, und **wie lange** hält sich der Gefährdete im brandgefährdeten Bereich auf?

3.1.2 Hochentzündliche Stoffe, mit "F+" gekennzeichnet

3.1.3 Leichtentzündliche Stoffe, mit "F" gekennzeichnet

Schlüssel: Folgenausmass

1 keine Folgen
2 Bagatellfolgen
3 Verletzungs- und Erkrankungsfolgen
4 leichter bleibender Gesundheitsschaden
5 schwerer bleibender Gesundheitsschaden

E: Bei der Folgeneinstufung sind zu berücksichtigen:
 - Entzündlichkeit/Brennbarkeit des Stoffes
 - Konzentration des Stoffes

Schlüssel: Dauer pro Arbeitstag/Schicht

1 kleiner 5 min oder seltener als täglich
2 5 - 30 min
3 30 min - 2 h
4 länger als 2 h aber nicht ständig
5 ständig

Erschwerende Bedingungen können z.B. sein:
mögliche Zündquellen, schlechte Erkennbarkeit/keine Anzeige eines Brandherdes, hohe Ausbreitungsgeschwindigkeit, Vorhandensein von brandfördernden Stoffen (Kennzeichnung mit "O"), erhöhter Sauerstoffanteil in der Luft, elektrostatische Aufladungen, grosse Oberfläche der Stoffe, schlecht/nicht ausgeschilderte Fluchtwege

3.2 GESUNDHEITSGEFÄHRDENDE STOFFE

> Welches **Gefährdungsmass** ergibt sich durch die aufgeführten gesundheitsgefährlichen Stoffe?

3.2.1	**Sehr giftige Stoffe**, mit "T+" gekennzeichnet
3.2.2	**Giftige Stoffe**, mit "T" gekennzeichnet
3.2.3	**Mindergiftige Stoffe**, mit "Xn" gekennzeichnet
3.2.4	**Ätzende Stoffe**, mit "C" gekennzeichnet
3.2.5	**Reizende Stoffe**, mit "Xi" gekennzeichnet
3.2.6	**Inerte Stäube und Rauche**

E: In der folgenden Einstufungshilfe wird aufgrund der gemessenen **Konzentrationen** der auftretenden Stoffe ein Gefährdungsmass zugeordnet. Als Grenzwert muss der MAK-Wert oder ein auf andere Art festgelegter Wert eingesetzt werden. Für die Bestimmung des Gefährdungsmasses wird eine tägliche **Expositionszeit** von 8 Stunden zugrundegelegt. Sollte diese Expositionszeit nicht erreicht werden oder treten Expositionsspitzen auf, so sind entsprechend der TRGS 900 die Grenzwerte für Kurzzeitexpositionen anzusetzen

Gm	Massnahmenklasse	Konzentration
0	keine	keine Gefahrstoffe
1	keine/ohne Dringlichkeit	Konzentration liegt deutlich unterhalb des Grenzwertes
3	ohne Dringlichkeit	Konzentration liegt nahe am Grenzwert, erreicht ihn jedoch nicht
6	Sofortmassnahme	Konzentration erreicht Grenzwert und überschreitet ihn
10	Not-Aus	Konzentration liegt deutlich über Grenzwert

TEIL III/A: UNMITTELBARE FAKTOREN

Erschwerende Bedingungen können z.B. sein:
gleichzeitiges Auftreten mehrerer Gefahrstoffe (kumulative Wirkungen); krebserzeugende, fruchtschädigende oder erbgutverändernde Wirkung; kurzfristige Spitzenexposition; bei flüchtigen Gefahrstoffen ist die Funktionsfähigkeit der Absauganlage zu prüfen; bei festen und flüssigen Stoffen muss die Lagerung, Verpackung, Abschirmung sowie der Verarbeitungsprozess (z.B. Entstehung von Spritzern) berücksichtigt werden

4 THERMISCH ENERGIEN

4.1 HEISSE MEDIEN

4.1.1 DIREKTER KONTAKT MIT HEISSEN MEDIEN

E: Typische Bereiche bzw. Situationen, in denen solche Gefährdungen auftreten können, sind z.B.: Stahlwerke, Härtereien, (Gross-)Küchen, Kunststoffverarbeitung, Reparaturen an warmverarbeitenden Maschinen, Umgang mit kochenden oder siedenden Flüssigkeiten, Heissluft und Heissdampf.
Als Orientierungshilfe bei der Einstufung dient folgende Abbildung:

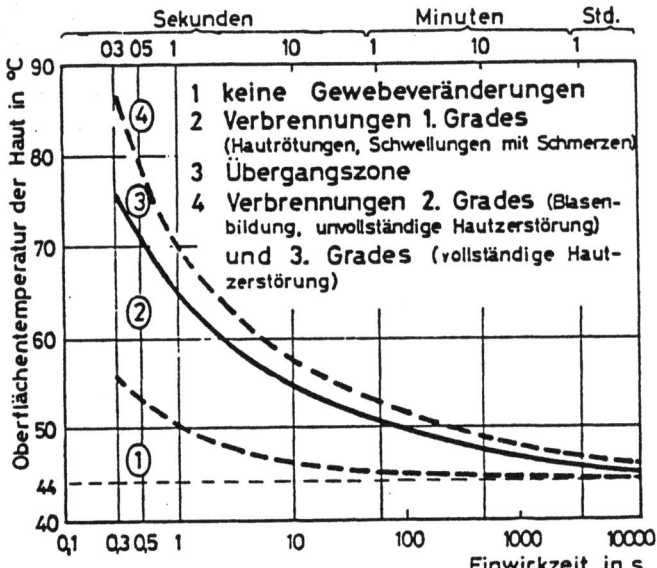

Grad der Verbrennung durch Oberflächentemperatur der Haut und Einwirkzeit (SKIBA 1979, S. 338)

TEIL III/A: UNMITTELBARE FAKTOREN

4.1.1

Welche vorstellbaren **Folgen** können durch einen direkten Kontakt mit heissen Medien eintreten, und **wie lange** bewegt sich der Gefährdete in unmittelbarer Nähe solcher Medien bzw. **wie lange** bewegt sich das Medium in unmittelbarer Nähe des Gefährdeten?

Schlüssel: Folgenausmass

1 keine Folgen
2 Bagatellfolgen
3 Verletzungs- und Erkrankungsfolgen
4 leichter bleibender Gesundheitsschaden
5 schwerer bleibender Gesundheitsschaden

E: Bei der Folgeneinstufung sind zu berücksichtigen:
- Temperatur der Berührungsfläche
- Grösse des Wärmestromes: Masse, Volumen und Kontaktzeit der Berührung
- gefährdetes Körperteil (z.B. Gesicht/Auge, Hände)
- Grösse (Ausmass) der gefährdeten Körperoberfläche

Schlüssel: Dauer pro Arbeitstag/Schicht

1 kleiner 5 min oder seltener als täglich
2 5 - 30 min
3 30 min - 2 h
4 länger als 2 h aber nicht ständig
5 ständig

Erschwerende Bedingungen können z.B. sein:
schlechte Erkennbarkeit/Wahrnehmbarkeit der Oberflächentemperatur, schlechte Beleuchtung, geringer Bewegungsraum

4.1.2 VON HEISSEN MEDIEN BESTRAHLT WERDEN

E: Typische Bereiche bzw. Situationen, in denen solche Gefährdungen auftreten können, sind z.B.: Stahlwerke, Härtereien, (Gross-)Küchen, Kunststoffverarbeitung, Reparaturen an warmverarbeitenden Maschinen, Umgang mit kochenden oder siedenden Flüssigkeiten, Heissluft und Heissdampf.
Als Orientierungshilfe bei der Einstufung dient folgende Abbildung (die Schmerzgrenze gilt als Vorstadium der Verbrennung):

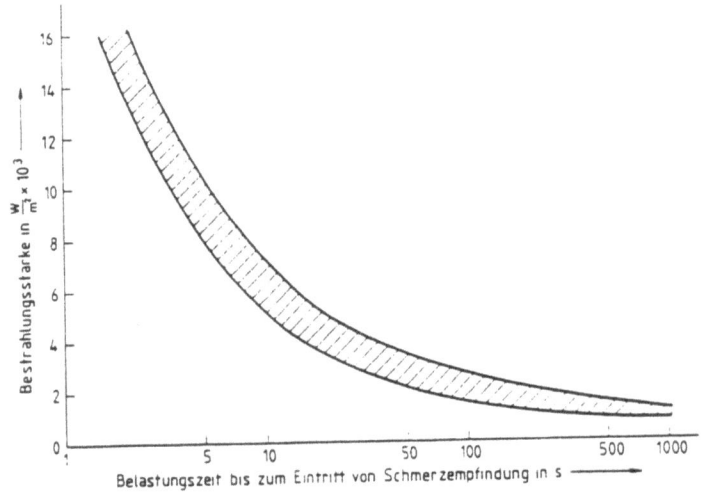

Schmerzgrenze der unbekleideten Haut in Abhängigkeit der Bestrahlungsstärke (DIN-Entwurf 33403 Teil 3, S. 7)

TEIL III/A: UNMITTELBARE FAKTOREN

4.1.2

Welche vorstellbaren **Folgen** können durch eine Bestrahlung mit heissen Medien eintreten, und **wie lange** führt der Gefährdete Tätigkeiten aus, bei denen eine Bestrahlung möglich ist?

Schlüssel: Folgenausmass

1　keine Folgen
2　Bagatellfolgen
3　Verletzungs- und Erkrankungsfolgen
4　leichter bleibender Gesundheitsschaden
5　schwerer bleibender Gesundheitsschaden

E:　Bei der Folgeneinstufung sind zu berücksichtigen:
　　- Bestrahlungsstärke
　　- Einwirkzeit der Bestrahlung
　　- Grösse der Abstrahlfläche (Masse/Volumen)
　　- bestrahltes Körperteil

Schlüssel: Dauer pro Arbeitstag/Schicht

1　kleiner 5 min oder seltener als täglich
2　5 - 30 min
3　30 min - 2 h
4　länger als 2 h aber nicht ständig
5　ständig

Erschwerende Bedingungen konnen z.B. sein:
schlechte/keine Ausweichmöglichkeiten, geringer Bewegungsraum

4.2 KALTE MEDIEN

4.2.1 DIREKTER KONTAKT MIT KALTEN MEDIEN

E: Typische Gefährdungen entstehen z.B. beim Transport und Umgang mit Tiefkühlkost sowie beim Umgang mit verflüssigten Gasen (z.B. Kohlendioxid-Feuerlöscher).

Welche vorstellbaren **Folgen** können durch einen direkten Kontakt mit kalten Medien eintreten, und **wie lange** bewegt sich der Gefährdete in unmittelbarer Nähe solcher Medien bzw. **wie lange** bewegt sich das Medium in unmittelbarer Nähe des Gefährdeten?

Schlüssel: Folgenausmass

1 keine Folgen
2 Bagatellfolgen
3 Verletzungs- und Erkrankungsfolgen
4 leichter bleibender Gesundheitsschaden
5 schwerer bleibender Gesundheitsschaden

E: Bei der Folgeneinstufung sind zu berücksichtigen:
 - Temperatur der Berührungsfläche
 - Grösse des Wärmestromes: Masse, Volumen und Kontaktzeit der Berührung
 - gefährdetes Körperteil (z.B. Gesicht/Auge, Hände)
 - Grösse (Ausmass) der gefährdeten Körperoberfläche

Schlüssel: Dauer pro Arbeitstag/Schicht

1 kleiner 5 min oder seltener als täglich
2 5 - 30 min
3 30 min - 2 h
4 länger als 2 h aber nicht ständig
5 ständig

TEIL III/A: UNMITTELBARE FAKTOREN 151

Erschwerende Bedingungen können z.B. sein:
schlechte Erkennbarkeit/Wahrnehmbarkeit der Oberflächentemperatur, schlechte Beleuchtung, geringer Bewegungsraum

5 SONSTIGE FAKTOREN

Welche vorstellbaren **Folgen** können durch die u.a. Gefährdungen entstehen, und **wie lange** ist der Gefährdete diesen Gefährdungen ausgesetzt?

5.1 Infektionsgefährdung

E: Solche Infektionen können durch Bakterien, Bazillen, Protozoen oder Viren eintreten. Bei der Beurteilung sind die Gefährlichkeit der Erreger (z.B. Schnupfen, Meningitis, Aids) sowie die Übertragungswege und -möglichkeiten zu beachten (als erschwerende Bedingung ist z.B. auch die Luftfeuchtigkeit zu berücksichtigen, da trockene Luft die Schleimhäute austrocknet)

5.2 Gefährdung durch andere Menschen

E: Beurteilt werden soll die Möglichkeit einer Verletzung durch vorsätzliche Handlungen anderer Menschen. Besonders gefährdete Personengruppen sind z.B. Polizisten, Nachtwächter, Fussballer

5.3 Gefährdung durch Tiere

E: Besonders gefährdet sind z.B. Tierpfleger, Tierärzte, Dompteure, Jäger

Schlüssel: Folgenausmass

1 keine Folgen
2 Bagatellfolgen
3 Verletzungs- und Erkrankungsfolgen
4 leichter bleibender Gesundheitsschaden
5 schwerer bleibender Gesundheitsschaden

Schlüssel: Dauer pro Arbeitstag/Schicht

1 kleiner 5 min oder seltener als täglich
2 5 - 30 min
3 30 min - 2 h
4 länger als 2 h aber nicht ständig
5 ständig

TEIL III/A: UNMITTELBARE FAKTOREN 153

> Welche vorstellbaren **Folgen** können durch die u.a. Gefährdungen entstehen, und **wie lange** ist der Gefährdete diesen Gefährdungen ausgesetzt?

5.4 Arbeiten in Über-/Unterdruck

E: Dies sind Abweichungen vom Normaldruck (1,01 bar) z.B. bei Arbeiten in grosser Höhe, Arbeiten beim Tunnelbau, unter Flüssen oder Tätigkeiten wie z.B. Tauchen

5.5 Gefährdung durch Flüssigkeiten

E: Mögliche Gefährdungen können durch Ertrinken und Arbeiten in nasser/feuchter Umgebung entstehen (z.B. ständiger Umgang mit feuchten Arbeitsmitteln wie Putzen, Waschen).
Hier werden nur solche Flüssigkeiten erfasst, die nicht gesundheitsgefährdend im Sinne des Gefährdungsfaktors 3.2 sind

5..... Weitere Gefährdungen (im Einzelfall angeben)

Schlüssel: Folgenausmass

1 keine Folgen
2 Bagatellfolgen
3 Verletzungs- und Erkrankungsfolgen
4 leichter bleibender Gesundheitsschaden
5 schwerer bleibender Gesundheitsschaden

Schlüssel: Dauer pro Arbeitstag/Schicht

1 kleiner 5 min oder seltener als täglich
2 5 - 30 min
3 30 min - 2 h
4 länger als 2 h aber nicht ständig
5 ständig

6 ARBEITSUMGEBUNGSFAKTOREN

6.1 KLIMA

6.1.1 ARBEITEN IN WARMER/HEISSER UMGEBUNG

E: Hauptbeurteilungskriterium stellt die Kombination von Lufttemperatur und Arbeitsschwere dar. Weitere Klimagrössen und Bedingungen, die den Wärmehaushalt in geringerem Masse beeinflussen, werden durch die unten angegebenen Kriterien zusätzlich berücksichtigt. Auf der folgenden Seite werden die zu beurteilenden Werte in Tabellenform wiedergegeben.
Die Beurteilung berücksichtigt eine Einwirkzeit von acht Stunden; liegt eine andere Einwirkzeit vor, so müssen die Einzelwerte entsprechend zusammengefasst werden.

Welche **Folgeneinstufung** ergibt sich aus der Kombination von Lufttemperatur und Arbeitsschwere, und **wieviele** der beeinflussenden **Kriterien** treffen zu?

Schlüssel: Relative Lage der Kombination von Lufttem-
(Stufe) peratur und Arbeitsschwere zum Behaglichkeitsbereich (s. Hilfstabelle, S. 155)

1 Kombination liegt im Behaglichkeitsbereich
2 geringe Abweichungen vom Behaglichkeitsbereich
3 Kombination liegt nahe an der Hitzezone, erreicht sie jedoch in keinem Falle
4 Kombination erreicht und überschreitet den Grenzwert für die Hitzezone
5 Kombination liegt deutlich über dem Grenzwert für die Hitzezone

---

Beeinflussende Kriterien

o der Grenzwert für die relative Luftfeuchtigkeit (bezogen auf die jeweilige Arbeitsschwere) wird überschritten
o der Grenzwert für die Luftgeschwindigkeit (bezogen auf die jeweilige Arbeitsschwere) wird überschritten
o der Grenzwert für die zulässige Wärmestrahlung wird überschritten
o es treten pro Schicht/täglich häufiger als viermal Temperaturschwankungen mit einem Temperaturunterschied grösser 6°C auf
o die Arbeitskleidung kann bei grösseren Abweichungen vom Behaglichkeitsbereich den gegebenen Klimabedingungen nicht angepasst werden (z.B. bei notwendiger Körperschutzkleidung oder bei formal vorgegebener Kleiderordnung)

TEIL III/A: UNMITTELBARE FAKTOREN

6.1.1 Gefährdungsmatrix: Klima

Kombination Lufttemperatur zu Arbeitsschwere / Anzahl erfüllter Kriterien	keine Folgen Stufe 1	Bagatellfolgen Stufe 2	Verletzungs- und Erkrankungsfolgen Stufe 3	leichte bleibende Gesundheitsschäden Stufe 4	schwere bleibende Gesundheitsschäden Stufe 5
keine	0	1	3	5	8
bis zu 2	0	2	4	5	8
mehr als 2	0	3	4	6	9

Hilfstabelle: Kombination der Grössen Lufttemperatur und Arbeitsschwere (detaillierte Hinweise zur Einordnung in die entsprechende Kategorie der Arbeit kann der Tabelle auf Seite 169 entnommen werden)

KATEGORIEN DER ARBEIT \ FOLGEN IN ABHÄNGIGKEIT DER LUFTTEMPERATUREN	Behaglichkeitsbereich 1	Abweichungen vom Behaglichkeitsbereich, die das Wohlbefinden in geringem Maße beeinflussen 2	Lufttemperaturen, die nahe an der Hitzezone liegen, sie jedoch nicht erreichen 3	Grenzwert für Hitzezone erreicht und überschritten 4	Lufttemperaturen liegen deutlich über dem Grenzwert 5	Grenzwert für die zulässige Luftfeuchtigkeit in %	Grenzwert für die zulässige Luftgeschwindigkeit in m/s	Grenzwert für die zulässige Wärmestrahlung in W/m²
Geringe Körperarbeit: bis 140 W	20 - 23	24 - 27	28 - 33	34 - 40	> 40	80	0,2	200
Leichte Körperarbeit: über 140 bis 220 W	18 - 21	22 - 25	26 - 32	33 - 39	> 39	80	0,2	110
Mittelschwere Körperarbeit: über 220 bis 285 W	16 - 19	20 - 24	25 - 31	32 - 38	> 38	70	0,3	40
Schwere Körperarbeit: über 285 bis 350 W	14 - 17	18 - 22	23 - 28	29 - 35	> 35	70	0,6	0
Schwerste Körperarbeit: über 350 W	12 - 16	17 - 21	22 - 27	28 - 34	> 34	60	0,7	0

Temperaturen in °C

6.1.2 ARBEITEN IN KÜHLER/KALTER UMGEBUNG

E: Schädigungen durch Kälte können sowohl als lokale Schädigungen unbedeckter Haut aber auch - vor allem bei sehr niedrigen Temperaturen - als Auskühlung des Körpers auftreten. Als erschwerende Bedingungen sind zu berücksichtigen: schlechte Isolierung durch die Bekleidung, grosse ungeschützte Körperoberfläche, gute Wärmeleitfähigkeit des umgebenden Mediums.
Grenzwerte für lokale Schädigungen können der folgenden Abbildung entnommen werden (dabei ist mindestens von einer Luftgeschwindigkeit von 1,8m/s auszugehen).

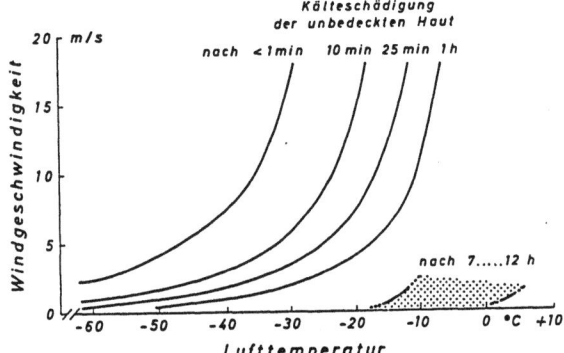

Grenzwerte für direkte Schädigungen der Haut (aus Wenzel/ PIEKARSKI 1984, S. 97 modifiziert nach GOLDMAN)

Als Grenzwert für die Gesamtkörperauskühlung bei einer Aufenthaltsdauer über 6 h wird nach dem SHIVER-INDEX eine Grenztemperatur von -12°C angenommen.

Welches **Gefährdungsmass** (Gm) ergibt sich bei Arbeiten in kühler/kalter Umgebung?

Gm	Massnahmenklasse	Kalte Klimabedingungen
0	keine	keine Gefährdung durch kalte Klimate
1	keine/ohne Dringlichkeit	Klimabedingungen liegen deutlich unterhalb des Grenzwertes
3	ohne Dringlichkeit	Klimabedingungen liegen nahe am Grenzwert, erreichen ihn jedoch nich
6	Sofortmassnahme	Klimabedingungen erreichen Grenzwert und überschreiten ihn
10	Not-Aus	Klimabedingungen liegen deutlich über dem Grenzwert

TEIL III/A: UNMITTELBARE FAKTOREN 157

6.2 LÄRM

E: Bei der Gefährdungsbewertung werden sowohl der Beurteilungspegel als auch die "Lästigkeit" der Lärmsituation eingestuft.

Welcher **Beurteilungspegel** herrscht bei der untersuchten Tätigkeit, und **wieviele** der beeinflussenden **Kriterien** treffen zu?

Schlüssel: Beurteilungspegel

Stufe 1: kleiner als 55 dB
Stufe 2: ab 55 dB bis unter 80 dB
Stufe 3: ab 80 dB bis unter 90 dB
Stufe 4: ab 90 dB bis unter 120 dB
Stufe 5: über 120 dB

Beeinflussende Kriterien

o aus dem Geräuschspektrum treten Einzeltöne und/oder Impulse deutlich hervor
o solche Einzeltöne und/oder Impulse treten häufig bzw. unregelmässig auf
o es treten vorwiegend hohe Frequenzen (helle Klangfarben) bzw. sehr tiefe Frequenzen (Übergang zum Infraschall bei ca. 20 Hz) auf
o auftretende Geräusche klingen hart, kratzend, schrill und/oder besitzen einen periodischen Verlauf (jaulen)
o der Beurteilungspegel am Arbeitsplatz ist vom Stelleninhaber nicht beeinflussbar

6.2 GEFÄHRDUNGSMATRIX: Lärm

Anzahl erfüllter Kriterien \ Beurteilungspegel in dB	kleiner als 55 Stufe 1	ab 55 bis unter 80 Stufe 2	ab 80 bis unter 90 Stufe 3	ab 90 bis unter 120 Stufe 4	über 120 Stufe 5
keine	0	1	3	5	8
bis zu 2	0	2	4	5	8
mehr als 2	0	3	4	6	9

6.3 MECHANISCHE SCHWINGUNGEN

6.3.1 Ganzkörperschwingungen

6.3.2 Hand-Arm-Schwingungen

E: Zur Beurteilung mechanischer Schwingungen muss der k-Wert gebildet werden. Wurden keine Messungen vorgenommen, so kann der k-Wert aus folgenden Tabelle bestimmt werden (Einstufungsungenauigkeiten müssen dabei akzeptiert werden). Mit der Kombination aus k-Wert und Expositionszeit wird die Folgeneinstufung vorgenommen.

Bestimmung des k-Wertes: Zusammenhang zwischen k-Wert und subjektiver Wahrnehmung (VDI 2057, Bl. 3, S.4):

Bewertete Schwingstärke KX, KY, KZ, KB	Beschreibung der Wahrnehmung
< 0,1	nicht spürbar
0,1	Fühlschwelle
	gerade spürbar
0,4	
	gut spürbar
1,6	
	stark spürbar
6,3	
100	sehr stark spürbar
> 100	

Beispiele für die bewertete Schwingstärke (aus REICHEL 1985b, S. 194):

Fahrzeug/ Maschine/ Gerät	Bewertete Schwingstärke K
Personenwagen, Omnibus, Schienenkran, Hydraulik-Bagger	5 - 14
Lastwagen, Krankenwagen, Gabelstapler, Kettenschlepper	10 - 32
Radlader, schwere Radlader Raddozer, Grader	15 - 48
Schleif- und Trennschleifmaschinen	18 - 27
Schlagbohrmaschinen, Schlagschrauber, Bohrhammer, Meisselaufbruchhammer, Rüttler, Stampfer	27 -110
Motorkettensägen	45 -100

TEIL III/A: UNMITTELBARE FAKTOREN 159

Welche **Folgeneinstufung** ergibt sich aus der Schwingungseinwirkung, und **wieviele** der beeinflussenden **Kriterien** treffen zu?

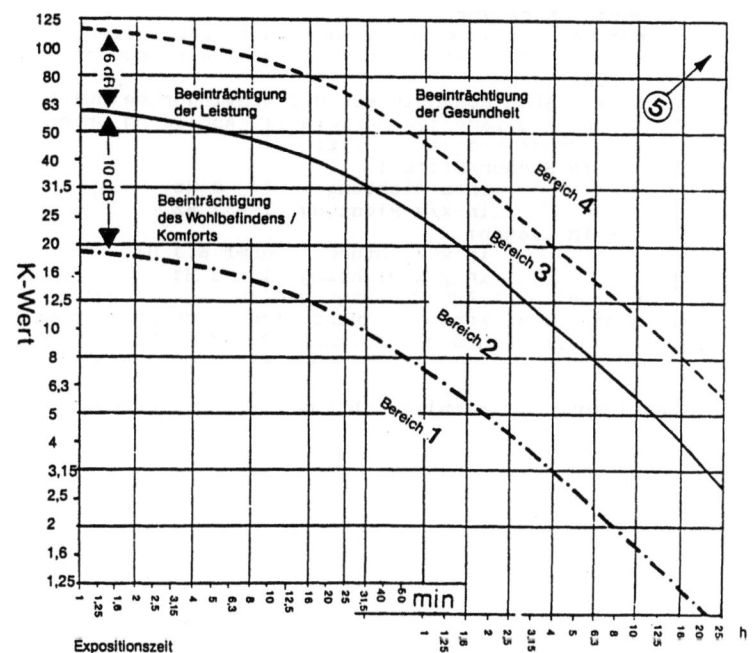

Folgeneinstufung für mechanische Schwingungen aus der Kombination k-Wert und Expositionszeit (nach SCHNAUBER 1978, S. 304)

Schlüssel: Folgenausmass (s. Abb. Folgeneinstufung)

Stufe 1:	k-Wert und Expositionszeit liegen im Bereich 1
Stufe 2:	k-Wert und Expositionszeit liegen im Bereich 2
Stufe 3:	k-Wert und Expositionszeit liegen im Bereich 3
Stufe 4:	k-Wert und Expositionszeit liegen im Bereich 4
Stufe 5:	k-Wert und Expositionszeit liegen im Bereich 5

Beeinflussende Kriterien

o die auftretende Schwingung hat einen stochastischen (nicht vorhersehbaren) Verlauf
o aus dem Schwingungsverlauf treten einzelne Stösse deutlich hervor
- nur bei Ganzkörperschwingungen zu beurteilen:
  o es kommt zu einer Schwingungseinwirkung auf den Kopf
  o es treten abhängig von der Schwingungseinwirkrichtung und Lage des Körpers (s. Abbildung unten) folgende Frequenzen auf:
  - im Stehen/Sitzen:
      in z-Richtung   4 - 8 Hz
      in x/y-Richtung   1 - 2 Hz
  - im Liegen:
      in x-Richtung   über 6,3 Hz
      in y/z-Richtung   1 - 2 Hz
- nur bei Hand-Arm-Schwingungen zu beurteilen:
  o die einwirkende Frequenz liegt - unabhängig von der Einwirkrichtung - zwischen 8 und 16 Hz

Bestimmung der Einwirkrichtung von Schwingungen:

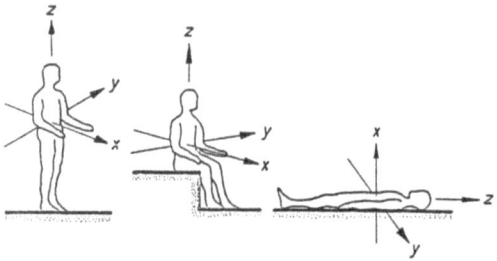

Einwirkrichtung von Schwingungen bei unterschiedlicher Lage des Körpers (SCHNAUBER 1978, S. 291)

TEIL III/A: UNMITTELBARE FAKTOREN

6.3.1/6.3.2 — **Gefährdungsmatrix:** Mechanische Schwingungen

Kombination k-Wert und Expositionszeit / Anzahl erfüllter Kriterien	keine Folgen Stufe 1	Bagatellfolgen Stufe 2	Verletzungs- und Erkrankungsfolgen Stufe 3	leichte bleibende Gesundheitsschäden Stufe 4	schwere bleibende Gesundheitsschäden Stufe 5
keine	0	1	3	5	8
bis zu 2	0	2	4	5	8
mehr als 2	0	3	4	6	9

6.4 STRAHLUNG

6.4.1 MIKRO- UND RADIOWELLEN

E: Anwendungsbereiche solcher Wellen sind:
Nachrichtenübermittlung (z.B. Lang-, Mittel-, TV-Wellen; Radar-, Richtfunksender) und Verarbeitungsprozesse, in denen Wärme zugeführt wird (z.B. Härten, Löten, Trocknen, Verleimen, Garen)

Welches **Gefährdungsmass** (Gm) ergibt sich aus einer Gefährdung durch Mikro- und Radiowellen?

E: Beurteilungsgrössen bilden die elektrische Ersatzfeldstärke, magnetische Ersatzfeldstärke und die mittlere Leistungsdichte.
Hinweise zur Einstufung (Orientierungswerte) auf der folgenden Seite.

Gm	Massnahmenklasse	Relative Lage der Beurteilungsgrösse zum Grenzwert
0	keine	keine Gefährdung
1	keine/ohne Dringlichkeit	Beurteilungsgrösse liegt deutlich unterhalb des Grenzwertes
3	ohne Dringlichkeit	Beurteilungsgrösse liegt nahe am Grenzwert, erreicht ihn jedoch nicht
6	Sofortmassnahme	Beurteilungsgrösse erreicht Grenzwert und überschreitet ihn
10	Not-Aus	Beurteilungsgrösse liegt deutlich über dem Grenzwert

TEIL III/A: UNMITTELBARE FAKTOREN

Orientierungswerte zur Bewewrtung einer Gefährdung durch Mikro- und Radiowellen

Der folgenden Tabelle können die für die Einstufung notwendigen Grenzwerte entnommen werden; sie gelten für Expositionszeiten von mehr als 6 min.

Grenzwerte für elektromagnetische Felder von 30 kHz bis 300 GHz (Werte aus DIN 57848; für die Frequenz 'f' müssen die Werte in MHz eingesetzt werden)

Frequenzbereich	elektrische Ersatzfeldstärke in V/m	magnetische Ersatzfeldstärke in A/m	mittlere Leistungsdichte in W/m²
30 KHz bis 2 MHz	1500	$\frac{7,5}{f}$	-
über 2 MHz bis 30 MHz	$\frac{3000}{f}$	$\frac{7,5}{f}$	-
über 30 MHz bis 3 GHz	100	0,25	25
über 3 GHz bis 12 GHz	$\sim 1,8 \cdot \sqrt{f}$	$0,0046 \cdot \sqrt{f}$	$0,0083 \cdot f$
über 12 GHz	200	0,5	100

6.4.2 ULTRAVIOLETTE STRAHLEN

E: Hauptanwendungsgebiete und damit auch Expositionsmöglichkeiten sind z.B.: Schweissarbeiten (s. dazu VBG 15: Schweissen, Schneiden und verwandte Arbeitsverfahren); Entkeimung z.B. in Krankenhäusern oder in der lebensmittelverarbeitenden Industrie; UV-Trocknung und Härtung in der Lackverarbeitung; Einsatz von Quecksilberdampflampen zur Beleuchtung

Welches **Gefährdungsmass** (Gm) ergibt sich aus einer Gefährdung durch UV-Strahlen?

E: Beurteilungskriterien bilden die effektive Bestrahlungsstärke und die Expositionszeit.

Gm	Massnahmenklasse	Verhältnis effektive Bestrahlungsstärke und Expositionsdauer
0	keine	keine Gefährdung
1	keine/ohne Dringlichkeit	Grenzwert wird deutlich unterschritten
3	ohne Dringlichkeit	Grenzwert wird fast erreicht
6	Sofortmassnahme	Grenzwert wird erreicht und überschritten
10	Not-Aus	Grenzwert wird deutlich überschritten

TEIL III/A: UNMITTELBARE FAKTOREN

Orientierungswerte zur Bewertung einer Gefährdung durch UV-Strahlen

Der folgenden Tabelle können die für die Einstufung notwendigen Grenzwerte entnommen werden:

Maximal zulässige effektive Bestrahlungsstärke in Abhängigkeit von der Expositionsdauer (SIEKMANN 1986, S.179)

Bestrahlungsdauer pro Tag	Maximale effektive Bestrahlungsstärke E_{eff} ($\mu W/cm^2$)
8 h	0,1
4 h	0,2
2 h	0,4
1 h	0,8
30 min	1,7
15 min	3,3
10 min	5
5 min	10
1 min	50
30 s	100
10 s	300
1 s	3 000
0,5 s	6 000
0,1 s	30 000

6.4.3 IONISIERENDE STRAHLEN

E: Hauptanwendungsgebiete bzw. Entstehungsmöglichkeiten für ionisierende Strahlen liegen vor allem in der Medizin (z.B. Röntgendiagnostik, Strahlentherapie, Nuklearmedizin), im Forschungssektor und im Umgang mit radioaktivem Material (z.B. Transport, Lagerung). Zu berücksichtigen sind weiterhin Strahlenquellen wie radioaktive Verbrauchsgüter (z.B. Leuchtziffern, uranhaltige Porzellanfarben), Arbeiten an und mit Kernwaffen sowie die Umgebung von Kernkraftwerken. In der Technik wird radioaktive Strahlung z.B. zur zerstörungsfreien Materialprüfung, zur Dickenmessung, zur Füllstandskontrolle und zur Vermeidung elektrostatischer Aufladungen eingesetzt.

Welches **Gefährdungsmass** (Gm) ergibt sich aus einer Gefährdung durch ionisierende Strahlen?

E: Beurteilungskriterium ist die Äquivalentdosis, gemessen in Sievert (Sv), bezogen auf die Expositionszeit; wobei lediglich solche Grenzwerte existieren, die auf den Zeitraum eines Jahres orientiert sind.

Gm	Massnahmenklasse	Relative Lage der Äquivalentdosis zum Grenzwert
0	keine	keine Gefährdung
1	keine/ohne Dringlichkeit	Äquivalentdosis liegt deutlich unterhalb des Grenzwertes
3	ohne Dringlichkeit	Äquivalentdosis liegt nahe am Grenzwert, erreicht ihn jedoch nicht
6	Sofortmassnahme	Äquivalentdosis erreicht Grenzwert und überschreitet ihn
10	Not-Aus	Äquivalentdosis liegt deutlich über dem Grenzwert

TEIL III/A: UNMITTELBARE FAKTOREN

Orientierungswerte zur Bewertung einer Gefährdung durch ionisierende Strahlen

Die folgende Tabelle enthält Anhaltswerte für die Einstufung.
Bei der Beurteilung muss zusätzlich berücksichtigt werden:
o Bei einmaligen, kurzzeitigen Bestrahlungen muss die jährliche Gesamtkörperdosis deutlich unterschritten werden: In einem Kalendervierteljahr darf höchstens die Hälfte der Jahreswerte aufgenommen werden.
o Bei einer Ganzkörperexposition wirkt gegenüber einer Teilkörperbestrahlung eine wesentlich kleinere Dosis tödlich.
o Besonders gefährlich ist eine Bestrahlung der Eierstöcke und Hoden, da in den Genen bereits durch Einzeltreffer Mutationen entstehen können.

Werte der Körperdosen für beruflich strahlenexponierte Personen (Röntgenverordnung, Anlage IV, Tabelle 1)

Körperdosis	Werte der Körperdosis für beruflich strahlenexponierte Personen im Kalenderjahr der	
	Kategorie A	Kategorie B
1	2	3
Effektive Dosis	50 mSv	15 mSv
1. Teilkörperdosis: Keimdrüsen, Gebärmutter, rotes Knochenmark	50 mSv	15 mSv
2. Teilkörperdosis: Alle Organe und Gewebe, soweit nicht unter 1., 3. und 4. genannt	150 mSv	45 mSv
3. Teilkörperdosis: Schilddrüse, Knochenoberfläche, Haut, soweit nicht unter 4. genannt	300 mSv	90 mSv
4. Teilkörperdosis: Hände, Unterarme, Füße, Unterschenkel, Knöchel, einschl. der dazugehörigen Haut	500 mSv	150 mSv

Weiterhin stehen folgende Werte für eine Beurteilung akuter Schäden zur Verfügung (vgl. z.B. JANSEN u.a. 1985; Strahlenschutzverordnung 1981; SKIBA 1979):

0,25 Sv	klinisch nur ausnahmsweise nachweisbar, z.B. als Veränderung im blutbildenden System und als Erbschäden
0,75 Sv	kritische Dosis, im allgemeinen Beginn von Hautrötungen
1 Sv	Hautrötungen, Übelkeit, Erbrechen (Strahlenkater)
2 Sv	erhebliche Blutbildveränderungen, erste Todesfälle
4 Sv	50 % Todesfälle

7 PHYSIOLOGISCHE FAKTOREN (ARBEITSSCHWERE/KÖRPERHALTUNG)

E: Führende Beurteilungsgrösse ist der erforderliche Arbeitsenergieumsatz und damit die Kategorie der Arbeitsschwere (s. Tabelle auf der folgenden Seite). Eine weitere Beurteilungsebenen stellen Bedingungen dar, die im Arbeitsenergieumsatz nicht ausreichend berücksichtigt werden, aber auch als Belastungskriterien anzusehen sind.
Besondere Berücksichtigung muss die Tätigkeitsausführung durch Frauen finden; die geringere Dauerleistungsgrenze erfordert eine veränderte Zuordnung von Gefährdungsmass und Kategorien der Arbeitsschwere.

Welche **Kategorie der Arbeitsschwere** wird der untersuchten Tätigkeit zugeordnet, und **wieviele** beeinflussende **Kriterien** treffen zu?

Schlüssel: Kategorie der Arbeitsschwere (Tab. S.169)

Stufe 1   geringe Körperarbeit (Kategorie I)
Stufe 2   leichte Körperarbeit (Kategorie II)
Stufe 3   mittelschwere Körperarbeit (Kategorie III)
Stufe 4   schwere Körperarbeit (Kategorie IV)
Stufe 5   schwerste Körperarbe (Kategorie V)

Beeinflussende Kriterien

o die Tätigkeit erfordert einseitige Muskelarbeit über längere Zeiträume und/oder wesentliche Zeitanteile der Kraftaufbringung sind statischer Art (z.B. Haltungs- und Haltearbeit)
o die Tätigkeit erfordert ununterbrochenes Stehen oder Sitzen während der Arbeitsausführung
o während der Arbeitsausführung bestehen keine Möglichkeiten zum Einnehmen von entlastenden Haltungen bzw. die Tätigkeit ist durch geringe Bewegungsmöglichkeiten (Bewegungsmangel) gekennzeichnet
o die Tätigkeit erfordert häufiges oder über längere Zeiträume andauerndes Hocken bzw. Knien
o die Tätigkeit erfordert eine häufige oder über längere Zeiträume andauernde gebeugte Arbeitsausführung, verdrehte Körperhaltung und/oder Überkopf-Arbeiten
o das Anheben von Lasten oder Arbeitsmitteln erfolgt aus ungünstigen Arbeitshaltungen (wie z.B. gebückt, gebeugt, verdreht)
o die Grenzwerte beim Tragen und Heben von Lasten (s. Tabelle auf S. 170) werden überschritten

TEIL III/A: UNMITTELBARE FAKTOREN

Kategorien der Arbeitsschwere

Kategorie I	GERINGE KÖRPERARBEIT: bis 140 W (500 kJ/h) Überwiegend sitzende Tätigkeit oder leichte Handarbeit, wie z.B. Kontrolltätigkeit in Schaltwerken, Bürotätigkeit, Hand- und Maschinennähen, Montage von Kleinstteilen, Schraubeneindrehen, Buchhaltung
Kategorie II	LEICHTE KÖRPERARBEIT: von 140 W bis 220 W (800 kJ/h) leichte, nicht mit dem Bewegen von Lasten verbundene, überwiegend im Stehen ausgeführte Tätigkeiten, sowie im Sitzen ausgeführte Tätigkeiten, die mit ständiger Einarmarbeit, leichter Zweiarmarbeit oder schwerer Handarbeit versehen ist, wie z.B. Arbeit an Werkzeugmaschinen, Maler, Montage kleiner Teile, Schneidern, LKW- und Gabelstaplerfahren, Zahntechniker, Schlichtfeilen, Fensterputzen.
Kategorie III	MITTELSCHWERE KÖRPERARBEIT: von 220 W bis 285 W (1050 kJ/h) Bewegen leichter Lasten im Gehen oder Stehen, schwere Zweiarmarbeit im Stehen, wie z.B. Schlosser, Schweißer, Klempner, Elektriker, Putzer, Bedienen einer Blechpresse mit Zurechtlegen des Materials, Arbeit an Werkzeugmaschinen mit häufigem manuellen Lastentransport, Schruppfeilen, Briefträger
Kategorie IV	SCHWERE KÖRPERARBEIT: von 285 W bis 350 W (1300 kJ/h) Bewegen vorwiegend schwerer Lasten (bis 20 kg) im Stehen oder Gehen, wie z.B. Schmieden kleiner Teile, teilmechanisiertes Maschinenformen, Tätigkeiten in der Eisen- und Stahlindustrie bei niedriger Mechanisierung, Arbeiten mit Motorsäge
Kategorie V	SCHWERSTE KÖRPERARBEIT: über 350 W (1300 kJ/h) Häufiges Bewegen sehr schwerer Lasten (über 20 kg) im Stehen oder vergleichbare Tätigkeiten, wie z.B. Beschicken eines Ofens im Eisenhüttenwerk, manuelles Schmieden (ab Hammergewicht von 2 kg), Eisengießen (Handguß), Arbeiten mit Handsäge, manuelles Maschinenformen

7	GEFÄHRDUNGSMATRIX: Arbeitsschwere/Körperhaltung				
Anzahl erfüllter Kriterien \ Arbeitsschwere	gering Stufe 1	leicht Stufe 2	mittel-schwer Stufe 3	schwer Stufe 4	schwerst Stufe 5
keine	0	1	3	5	8
bis zu 2	0	2	4	5	8
mehr als 2	0	3	4	6	9

GRENZWERTE FÜR DAS HEBEN UND TRAGEN VON LASTEN
(ISTANBULI/MAINZER o.J., S.47 nach HETTINGER 1981)

Lebensalter	Zumutbare Last / kg Häufigkeit des Hebens und Tragens			
	gelegentlich		häufiger	
	Frauen	Männer	Frauen	Männer
15 – 18 Jahre	15	35	10	20
19 – 45 Jahre	15	55	10	30
älter als 45 Jahre	15	45	10	25

nicht schraffiert: Grenzwerte, die im Normalfall ohne Gesundheitsgefährdung nicht überschritten werden dürfen
schraffiert: Werte, die aus ergonomischer Sicht empfohlen werden.
gelegentlich: weniger als 2 mal/Stunde oder ein Transportweg von 3 – 4 Schritten
häufiger: mehr als 2 – 3 mal/Stunde.

Teil III/B

Mittelbare Faktoren

8 MITTELBARE FAKTOREN

8.1 ELEKTROSTATISCHE AUFLADUNGEN

E: Elektrostatische Ladungen entstehen durch eine Ladungstrennung z.B. infolge eines mechanischen Vorganges. Diese getrennten Ladungen können sich durch Funkenübersprung ausgleichen; der Funkenübersprung ist abhängig von der Strecke zwischen den Polen und der anliegenden Spannung. Die Ladungstrennungen gleichen sich durch einen kurzzeitigen Strom in Form eines Funkens aus, wenn sie zu einem solchen Wert angestiegen sind, dass die Strecke zwischen den Polen übersprungen werden kann. Die entstehenden Funken stellen erhebliche Risiken in brand- und explosionsfähiger Atmosphäre dar.
Eine weitere Möglichkeit des Ladungsausgleiches besteht im Kurzschluss der beiden Pole. Häufig stellen Menschen diese elektrische Überbrückung der elektrostatisch aufgeladenen Gegenstände dar. Dabei entsteht ein kurzfristiger Stromschlag, der gewöhnlich nicht direkt schädigend ist, aber zu Schreckreaktionen und damit zu unkontrollierten Reflexbewegungen führen kann.
Bei starken elektrostatischen Aufladungen von Personen kann eine Aufrichtung der Körperhaare beobachtet werden. Besonders kritisch ist dieses Phänomen in Verbindung mit Gefahrstellen zu beurteilen, da die aufgerichteten Körperhaare eingezogen werden können.
Typische Ursachen und Entstehungsmöglichkeiten für das Auftreten elektrostatischer Ladungen sind:
mechanische Bearbeitungsvorgänge (z.B. Reiben, Zerkleinern, Ausgiessen, Strömen, Fliessen, Absaugen); Bewegung brennbarer Flüssigkeiten mit guten Isolationseigenschaften (solche Flüssigkeiten sind z.B. Äther, Schwefelkohlenstoff, Benzol, Benzin und Kerosin) z.B. Benzin in Tankfahrzeugen; Einsatz nicht oder schlecht leitender Werkstoffe; keine ausreichende Erdung; beim Betrieb von z.B. Riemenscheiben, Tiefdruckmaschinen, Streichmaschinen, Filmgiessmaschinen, Späneabsaugung; geringe Luftfeuchtigkeiten

Können elektrostatische Aufladungen entstehen und wie werden sie ggf. abgeleitet?

0   elektrostatische Ladungen können nicht entstehen

1   elektrostatische Aufladungen werden sofort und vollständig abgeleitet

2   elektrostatische Ladungen werden nur an einzelnen Stellen und damit nicht flächendeckend abgeleitet

3   es sind keine Massnahmen zur Ableitung möglicher elektrostatischer Aufladungen vorgesehen

8.2 BELEUCHTUNG

Wie können sich Mängel der Beleuchtungsanlage auswirken?

E: es sind folgende Kriterien zu beurteilen:
   o Beleuchtungsstärke
   o Gleichmässigkeit der Beleuchtungsstärke
   o Kontraste (Leuchtdichteunterschiede)
   o Schattigkeit
   o Blendung
   o Lichtfarbe/Farbwiedergabe
   o Flimmern/Flackern
   o stroboskopische Effekte
   o zeitliche oder örtliche Helligkeitsschwankungen

0 die Beleuchtung wird durch natürliche Bedingungen vorgegeben und ist nicht beeinflussbar

1 die Beleuchtung erfüllt alle an sie gestellten Anforderungen

2 Beleuchtungsmängel erschweren die Bewältigung der Arbeitsaufgabe (z.B. ungünstiger Lichteinfall)

3 Beleuchtungsmängel stellen Sicherheitsrisiken dar, z.B. Blendungserscheinungen auf Informationsgebern, schlechte Ausleuchtung von Treppen, starke Helligkeitsschwankungen, stroboskopische Effekte

8.3 SENSUMOTORIK

8.3.1 Gleichgewichtssinn (Balance)

In welchem Ausmass ist zur Ausführung der Aufgabe das Halten des Gleichgewichtes erforderlich?

0   unwesentlich, z.B. Sitzen

1   alltägliche Anforderungen, z.B. Treppensteigen, Fahrrad fahren

2   ausbalancieren des Gleichgewichtes beim freihändigen Stehen auf kleiner Trittfläche (z.B. Leiter, Bohle) oder bei ungewöhnlichen Körperhaltungen (z.B. stark verdreht oder geneigt)

3   ausbalancieren des Gleichgewichtes auf sich bewegenden Objekten (z.B. Schiffen) oder beim Gehen/Laufen auf kleinen Trittflächen (z.B. Dachfirst)

8.3.2 Zielgenaue Ausführung

In welchem Ausmass sind zielgenaue Bewegungsausführungen erforderlich?

0   keine zielgenaue Ausführung erforderlich

1   alltägliche Anforderungen, z.B. Maschinenschreiben

2   bei der Ansteuerung eines Punktes sind kleine Abweichungen zulässig, z.B. Nähen, Einfädeln, Platinenbestückung, Löten in elektronischen Bauteilen

3   eine exakte Ansteuerung lässt keine oder nur geringste Abweichungen zu und ist nur mit Spezialwerkzeug möglich, wie z.B. Pinzetten

8.3.3 Weggenaue Ausführung

Auf welche Weise werden weggenaue Bewegungen ausgeführt?

0 keine weggenauen Bewegungen erforderlich

1 Bewegungen sind vollständig geführt, Abweichungen sind nicht möglich, z.B. Kopierfräse

2 Bewegung wird weitgehend durch Hilfsmittel (Schiene, Lineal, Tiefeneinstellung) geführt, z.B. Technisches Zeichnen oder Bewegung wird ohne Hilfsmittel ausgeführt, geringe Abweichungen bis 5mm sind zulässig

3 Bewegung muss ohne Hilfsmittel exakt ausgeführt werden, z.B. Chirurg, Feingravieren, Schweissen mit sehr hoher Präzision

8.3.4 Bewegungskoordination

Welche verschiedenen Bewegungen von Extremitäten müssen gleichzeitig koordiniert werden (z.B. Hand-Hand-, Hand-Fuss-, Fuss-Fuss-Bewegungen)?

0 keine Koordination erforderlich

1 alltägliche Anforderungen, z.B. gleichzeitiges Festhalten einer Last mit beiden Händen

2 gleichsinnig, gegensinnig oder/und mit veränderlicher Kraftdosierung auszuführende Bewegung in konstanten (immer gleichbleibenden) Richtungen

3 gleichsinnig, gegensinnig oder/und mit veränderlicher Kraftdosierung auszuführende Bewegung bei wechselnden Richtungen

TEIL III/B: MITTELBARE FAKTOREN

8.3.5 Reaktionszeit

Wie schnell muss auf sicherheitskritische Situationen reagiert werden, die sich aus der Arbeitstätigkeit ergeben?

E: Solche sicherheitskritischen Situationen können sich z.B. durch herunterfallende Gegenstände ergeben

0 es gibt keine Signale, auf die reagiert werden muss

1 Reaktion steht in keiner unmittelbaren zeitlichen Abhängigkeit vom Signal

2 Reaktion muss innerhalb weniger Sekunden erfolgen,

3 sofortige Reaktion erforderlich

8.3.6 Kontrolle der Bewegungsausführung

Wie kann die Steuerung motorischer Bewegungen vom Ausführenden kontrolliert werden?

0 keine Kontrolle erforderlich

1 optische Kontrolle ist jederzeit möglich

2 optische Kontrolle ist eingeschränkt oder zeitweise nicht vorhanden; Wechsel zwischen optischer und akustischer Wahrnehmung ist erforderlich, z.B. Blindflug nach Anweisung, Einstellen einer Leerlaufdrehzahl ohne Messgeräte

3 weder optische noch akustische Kontrolle ist möglich; Bewegungsausführung kann nur über taktile und/oder kinästhetische Wahrnehmung erfolgen, z.B. Arbeiten in einem völlig verdunkelten Fotolabor

8.3.7 Wahrnehmungsbeeinflussende Arbeits-/Hilfsmittel

Wird die Wahrnehmung der Bewegungsausführung durch Arbeits- bzw. Hilfsmittel (z.B. Lupen, Mikroskope, Manipulatoren, Flüssigkeiten) beeinflusst?

0 solche Arbeits-/Hilfsmittel werden nicht eingesetzt

1 keine Beeinflussung durch Hilfsmittel

2 Arbeits-/Hilfsmittel beeinflussen den gesamten Vollzug der Bewegung einschliesslich Anfang und Ende unter gleichbleibenden Bedingungen, z.B. Uhrenmontage unter einer Lupe

3 Arbeits-/Hilfsmittel werden nur bei Teilschritten innerhalb einer zusammenhängenden Bewegungssequenz eingesetzt, z.B. Eintauchen eines Gegenstandes in eine Flüssigkeit

8.3.8 KONSEQUENZEN

Welche Konsequenzen können sich im schlimmsten Falle aus einer Fehlhandlung infolge nicht erfüllter sensumotorischer Anforderungen ergeben?

0 keine Konsequenzen: Fehlhandlungen sind nicht möglich

1 geringe Konsequenzen: keine oder schnell - innerhalb weniger Minuten - korrigierbare Konsequenzen, z.B. im Laufe einer Schicht einholbare Zeitverluste

2 mittlere Konsequenzen: nur mit erheblichem Aufwand korrigierbare Konsequenzen (zeitliche, finanzielle Verluste: z.B. Überstunden, Nacharbeit am Produkt)

3 erhebliche Konsequenzen: Konsequenzen mit erheblichen Folgewirkungen (Verletzungen von Menschen, materielle Schäden an Arbeitsmitteln, nicht korrigierbare Qualitätsminderung an kostenintensiven Produkten)

TEIL III/B: MITTELBARE FAKTOREN

8.4 INFORMATIONSTECHNISCHE GESTALTUNG

8.4.1 SIGNALWAHRNEHMUNG

8.4.1.1 Anordnung/Gestaltung

Erfüllen die Signalgeber hinsichtlich ihrer Anordnung bzw. ihrer Gestaltung die aufgeführten Leitregeln, und welche Konsequenzen können sich aus einer falschen Wahrnehmung ergeben?

Leitregeln:
  Anzeigen und Signale müssen:
  o (bei zentraler Bedeutung) im bevorzugten Gesichtsfeld liegen
  o entsprechend der Wichtigkeit angeordnet sein
  o (bei mehreren Signalgebern) in Flussdiagrammen oder geometrischen Mustern gruppiert sein
  o (bei gruppierten Signalgebern) eine einheitliche Sollwertdarstellung aufweisen

Schlüssel: Leitregeln und Konsequenzen

0   trifft nicht zu

1   alle Leitregeln sind erfüllt

2   nicht alle oder keine Leitregeln erfüllt, es sind geringe Konsequenzen möglich

3   nicht alle oder keine Leitregeln erfüllt, es sind mittlere bis hohe Konsequenzen möglich

8.4.1.2 Eignung

Erfüllen die Signalgeber hinsichtlich ihrer Eignung für die Arbeitsaufgabe die aufgeführten Leitregeln, und welche Konsequenzen können sich aus einer falschen Wahrnehmung ergeben?

Leitregeln:
 Anzeigen und Signale müssen:
  o der Arbeitsaufgabe angepasst sein
  o (technische) Speichermöglichkeiten aufweisen

Schlüssel: Leitregeln und Konsequenzen

0 trifft nicht zu

1 alle Leitregeln sind erfüllt

2 nicht alle oder keine Leitregeln erfüllt, es sind geringe Konsequenzen möglich

3 nicht alle oder keine Leitregeln erfüllt, es sind mittlere bis hohe Konsequenzen möglich

TEIL III/B: MITTELBARE FAKTOREN 181

8.4.1.3 Wahrnehmung

Erfüllen die Signalgeber hinsichtlich der Wahrnehmung die aufgeführten Leitregeln, und welche Konsequenzen können sich aus einer falschen Wahrnehmung ergeben?

Leitregeln:
  Anzeigen und Signale müssen:
  o deutlich wahrnehmbar sein und sich deutlich von der Umgebung abheben
  o folgende Bedingungen erfüllen:
   - es treten nicht mehr als 200 Signale in 30 min auf
   - das zeitliche Auftreten des Signals ist vorhersehbar
   - das auftretende Signal besitzt eine Voranzeige
   - (bei einer hohen Signaldichte) werden verschiedene sensorische Eingangskanäle genutzt
   - die auftretende Signalanzahl ist dem menschlichen Aufnahmevermögen angepasst
  o schnell erkennbar und deutlich unterscheidbar sein durch:
   - ausreichend grosse Schrifttypen
   - richtige Skaleneinteilung
   - deutliche und nicht verdeckte Beschriftung von Signalgebern und Skalen
   - farbige Unterlegung kritischer Bereiche

Schlüssel: Leitregeln und Konsequenzen

0 trifft nicht zu

1 alle Leitregeln sind erfüllt

2 nicht alle oder keine Leitregeln erfüllt, es sind geringe Konsequenzen möglich

3 nicht alle oder keine Leitregeln erfüllt, es sind mittlere bis hohe Konsequenzen möglich

8.4.1.4 Bekanntheitsgrad

In welcher Weise müssen die auftretenden Signale dekodiert werden, und welche Konsequenzen können sich aus einer falschen Dekodierung ergeben?

Schlüssel: Dekodierung und Konsequenzen

0 trifft nicht zu, keine Kodierung vorhanden

1 allgemeinverständliche Symbolkodierung oder unmissverständliche Beschriftung bzw. Dekodierungsschlüssel in direktem Zugriff

2 Dekodierung nur durch Rückgriff auf Wissen und Erfahrung möglich, bei falscher Dekodierung können geringe Konsequenzen entstehen

3 Dekodierung nur durch Rückgriff auf Wissen und Erfahrung möglich, bei falscher Dekodierung können mittlere bis hohe Konsequenzen entstehen

8.4.1.5 Vollständigkeit

Erfüllen die Signalgeber die folgenden Leitregeln, und welche Konsequenzen können sich aus einer falschen Wahrnehmung ergeben?

Leitregeln:
Anzeigen und Signale müssen:
o sicherheitskritische Situationen rechtzeitig vor einer nötigen Reaktion anzeigen
o einen so grossen Informationsgehalt aufweisen, dass eine geforderte sicherheitswirksame Reaktion ohne Nachfragen ausgeführt werden kann
o sicherheitskritische Situationen redundant anbieten
o (bei Beobachtungen über einen längeren Zeitraum) durch technische Möglichkeiten speicherbar sein

Schlüssel: Leitregeln und Konsequenzen

0 trifft nicht zu

1 alle Leitregeln sind erfüllt

2 nicht alle oder keine Leitregeln erfüllt, es sind geringe Konsequenzen möglich

3 nicht alle oder keine Leitregeln erfüllt, es sind mittlere bis hohe Konsequenzen möglich

TEIL III/B: MITTELBARE FAKTOREN 183

8.4.2 STELLTEILBETÄTIGUNG

8.4.2.1 Anordnung

Erfüllen die Stellteile hinsichtlich ihrer Anordnung die aufgeführten Leitregeln, und welche Konsequenzen können sich aus einer falschen Betätigung ergeben?

Leitregeln:
  Stellteile müssen:
  o (bei zentraler Bedeutung) im bevorzugten Greifraum bzw. Fussraum liegen
  o soweit auseinander liegen, dass ein zufälliges Betätigen anderer Stellteile verhindert wird
  o entsprechend ihrer Wichtigkeit angeordnet werden
  o (bei häufigen Stellteilbetätigungen oder sicherheitsrelevanten Eingriffen) von einem festgelegten Standort ausgeführt werden

Schlüssel: Leitregeln und Konsequenzen

0 trifft nicht zu

1 alle Leitregeln sind erfüllt

2 nicht alle oder keine Leitregeln erfüllt, es sind geringe Konsequenzen möglich

3 nicht alle oder keine Leitregeln erfüllt, es sind mittlere bis hohe Konsequenzen möglich

8.4.2.2 Eignung

Erfüllen die Stellteile hinsichtlich der eignungsgerechten Auswahl die aufgeführten Leitregeln, und welche Konsequenzen können sich aus einer falschen Betätigung ergeben?

Leitregeln:
  Stellteile müssen:
  o der Arbeitsaufgabe angepasst sein
  o einen sicheren Kontakt zwischen Stellteil und ausführenden Gliedmassen gewährleisten
  o (bei sicherheitsrelevanten Eingriffen) eine stufige (möglichst nur zwei Stufen) statt einer kontinuierlichen Regelung besitzen

Schlüssel: Leitregeln und Konsequenzen

0 trifft nicht zu

1 alle Leitregeln sind erfüllt

2 nicht alle oder keine Leitregeln erfüllt, es sind geringe Konsequenzen möglich

3 nicht alle oder keine Leitregeln erfüllt, es sind mittlere bis hohe Konsequenzen möglich

TEIL III/B: MITTELBARE FAKTOREN 185

8.4.2.3 Ausführung/Gestaltung

Erfüllen die Stellteile hinsichtlich der Kompatibilität und ihrer Gestaltung die aufgeführten Leitregeln, und welche Konsequenzen können sich aus einer falschen Betätigung ergeben?

Leitregeln:
- o die inhaltliche Zuordnung von Signal und Stellteil muss eindeutig sein (d.h. das sicherheitsrelevante Signal muss exakt auf die erforderliche Reaktion hinweisen)
- o die räumliche Zuordnung von Signal und Stellteil muss eindeutig sein
- o die Bewegungsrichtung der Stellteile muss mit der zu erwarteten Reaktion sinnfällig erfolgen
- o Stellteile und ihre Stellung müssen voneinander deutlich zu unterscheiden sein
- o der Stellwiderstand muss so ausgelegt sein, dass eine Betätigung ohne überhöhten Kraftaufwand möglich ist
- o Stellteile müssen gegen unbeabsichtigtes Betätigen gesichert sein

Schlüssel: Leitregeln und Konsequenzen

0 trifft nicht zu

1 alle Leitregeln sind erfüllt

2 nicht alle oder keine Leitregeln erfüllt, es sind geringe Konsequenzen möglich

3 nicht alle oder keine Leitregeln erfüllt, es sind mittlere bis hohe Konsequenzen möglich

8.4.2.4 Rückmeldung

Erfüllen die Stellteile hinsichtlich der Rückmeldung die aufgeführten Leitregeln, und welche Konsequenzen können sich aus einer falschen Betätigung ergeben?

Leitregeln:
- o die Stellbewegung muss vom Ausführenden optisch überwacht werden können, durch Stellwiderstände spürbar oder durch akustische Signale hörbar sein
- o erfolgreiche Reaktionen auf ein kritisches Signal müssen durch die Technik selbst bestätigt werden

Schlüssel: Leitregeln und Konsequenzen

0 trifft nicht zu

1 alle Leitregeln sind erfüllt

2 nicht alle oder keine Leitregeln erfüllt, es sind geringe Konsequenzen möglich

3 nicht alle oder keine Leitregeln erfüllt, es sind mittlere bis hohe Konsequenzen möglich

8.4.2.5 Reaktionszeit

Wie gross ist die vorhandene Reaktionszeit zwischen sicherheitskritischen Signalen und der erforderlichen Stellteilbetätigung, und welche Konsequenzen können sich aus einer falschen Reaktion ergeben?

Schlüssel: Reaktionszeit und Konsequenzen

0 trifft nicht zu

1 Reaktionszeit über 10 Sekunden

2 Reaktionszeit unter 10 Sekunden, es sind geringe Konsequenzen möglich

3 Reaktionszeit unter 10 Sekunden, es sind mittlere bis hohe Konsequenzen möglich

TEIL III/B: MITTELBARE FAKTOREN

8.5 ORGANISATORISCHE BEDINGUNGEN

8.5.1 ARBEITSZEIT

8.5.1.1 Nachtarbeit

Wird die untersuchte Tätigkeit in Nachtarbeit ausgeführt?

1 nein

2 Nachtarbeit tritt nur in Ausnahmefällen auf

3 Nachtarbeit ist regelmässig erforderlich

8.5.1.2 Überstunden

Werden zur Bewältigung der untersuchten Tätigkeit Überstunden ausgeführt?

1 nein

2 Überstunden sind nur in wenigen Ausnahmefällen erforderlich

3 Überstunden fallen regelmässig an

8.5.1.3 Pausengestaltung

Wie ist die Pausengestaltung organisiert?

0 trifft nicht zu, keine Pausen erforderlich

1 die Pausengestaltung entspricht mindestens den allgemein üblichen Regelungen (festliegende Pausen mit einer Länge von 15 und 30 Minuten je Schicht, evtl. ergänzt um Kurzpausen)

2 im allgemeinen wird zwar die insgesamt erforderliche Pausenlänge eingehalten, aber die Lage der Pausen muss dem Arbeitsablauf angepasst werden

3 eine Pausenregelung existiert nicht

8.5.2 PENSUMSDRUCK

8.5.2.1 Zeitdruck

Wie eng sind die Zeit-/Terminvorgaben bei der untersuchten Tätigkeit gefasst?

0 trifft nicht zu

1 es existieren keine Vorgaben

2 Zeit-/Terminvorgaben sind vorhanden, sie können nur durch geübtes/routiniertes Arbeiten eingehalten werden

3 Zeit-/Terminvorgaben sind sehr eng gefasst (z.B. durch MTM-Analysen), die Einhaltung dieser Vorgaben ist nur unter höchster Anspannung und/oder Nichteinhaltung anderer Normen (z.B. Sicherheitsbestimmungen) möglich

8.5.2.2 Planbarkeit

> Wie gross ist der Zeitraum, für den das Ende der täglichen Arbeitszeit im voraus festliegt?

> 0 trifft nicht zu, Planung nicht sinnvoll
>
> 1 das zeitliche Ende liegt langfristig fest (mindestens für eine Woche)
>
> 2 das Ende der Arbeitszeit liegt mindestens für den folgenden Tag/für die folgende Schicht fest
>
> 3 Verschiebungen des zeitlichen Endes können sich im Laufe eines Tages/einer Schicht ergeben

8.5.2.3 Störungen

> In welchem Umfang wird der zeitliche Ablauf der Tätigkeit durch Störungen beeinflusst?

> 0 trifft nicht zu, es treten keine Störungen auf
>
> 1 auftretende Störungen verschieben den zeitlichen Ablauf nur unwesentlich (bis zu einigen Minuten)
>
> 2 es treten einmal täglich oder seltener Störungen auf, die den zeitlichen Ablauf wesentlich verschieben
>
> 3 Störungen treten mehrmals täglich auf und verschieben den zeitlichen Ablauf wesentlich

8.5.2.4 Komplexität von Entscheidungen

Wie komplex sind die zu treffenden Entscheidungen?

0 trifft nicht zu, es sind keine Entscheidungen möglich bzw. Entscheidungen sind vorgegeben

1 die Entscheidung ergibt sich aufgrund eines eindeutigen Kriteriums, dabei ist eine relative Sicherheit gegeben (d.h. die ausgeführte Handlung führt mit hoher Wahrscheinlichkeit zu dem erwarteten Ergebnis)

2 die Entscheidung ergibt sich aufgrund eines eindeutigen Kriteriums, allerdings sind mit der Entscheidung hohe Risikobedingungen verbunden

3 die Entscheidung muss unter hohen Risikobedingungen aus mehreren Alternativen ausgewählt werden

8.5.3 FORMALISIERUNG

8.5.3.1 Beschaffung/Ersatz

Wie ist eine Beschaffung bzw. ein Ersatz von Werkzeugen, Hilfs- bzw. Körperschutzmitteln möglich?

0 trifft nicht zu, Beschaffung/Ersatz ist nicht erforderlich

1 der Stelleninhaber kann sich Werkzeuge, Hilfs- bzw. Körperschutzmittel selbst und unverzüglich bei der ausgebenden Stelle beschaffen (Bestellrecht)

2 der Stelleninhaber gibt eine Bedarfsmeldung direkt bei der ausgebenden Stelle ab; Werkzeuge, Hilfs- bzw. Körperschutzmittel werden angeliefert

3 der Stelleninhaber beantragt die Beschaffung bzw. den Ersatz über Vorgesetzte

TEIL III/B: MITTELBARE FAKTOREN

8.5.3.2 Vertretungsregelung

Welche Vertretungsregelung gilt für die untersuchte Tätigkeit?

- 0 trifft nicht zu, keine Vertretung erforderlich
- 1 es wird ein angelernter Mitarbeiter eingesetzt
- 2 Vertreter kommt aus gleichem Arbeitsbereich ohne spezielle Anlernung (Arbeitsplatz und Arbeitsbedingungen sind bekannt)
- 3 es besteht keine feste Regelung (auch der Einsatz von Leiharbeitern ist möglich)

8.5.3.3 Verfügbarkeit der Arbeitsmittel

Stehen zur Ausführung der Tätigkeit alle notwendigen Arbeitsmittel (Werkzeuge, Hilfsmittel, Einrichtungen z.B. Stühle) zur Verfügung?

- 0 trifft nicht zu, keine Arbeitsmittel erforderlich
- 1 alle Arbeitsmittel sind vollständig und unmittelbar am Arbeitsplatz vorhanden
- 2 Arbeitsmittel sind an einer zentralen Stelle vorhanden bzw. werden auch von anderen benutzt
- 3 Arbeitsmittel werden nicht vollständig zur Verfügung gestellt (z.T. wird mit selbstgebauten Hilfsmitteln improvisiert)

8.5.3.4 Technischer Zustand der Arbeitsmittel

In welchem technischen Zustand befinden sich die eingesetzten Arbeitsmittel (Maschinen, Werkzeuge, Hilfsmittel, Einrichtungen - auch Stühle)?

0   trifft nicht zu, keine Arbeitsmittel erforderlich

1   Arbeitsmittel sind der Aufgabe angepasst und in einem guten Zustand

2   Arbeitsmittel werden vom Stelleninhaber an die Aufgabe angepasst (z.B. Umwicklung eines Schraubendrehergriffes mit einem Lappen)

3   Arbeitsmittel weisen deutliche Mängel auf (z.B. angerissener Hammerstiel)

8.5.3.5 Vollständigkeit der Informationen

Sind die notwendigen Unterlagen/Anweisungen zur Ausführung der Tätigkeit vollständig, und wie kann der Stelleninhaber ggf. weitere Informationen einholen?

0   trifft nicht zu

1   Informationen sind immer vollständig und ausreichend

2   gelegentlich fehlende Informationen können leicht und schnell beschafft werden (z.B. von Kollegen oder aus ständig zur Verfügung stehenden Unterlagen)

3   fehlende Informationen können nur mit grossem Aufwand beschafft werden (z.B. über Vorgesetzte höherer Ebenen); Informationen können auch falsch sein

TEIL III/B: MITTELBARE FAKTOREN

8.5.3.6 Schriftliche Unterlagen

In welcher Form erhält der Stelleninhaber schriftliche Unterlagen zur Ausführung der Tätigkeit oder als Betriebsanweisung?

0   trifft nicht zu, der Stelleninhaber erhält keine schriftlichen Unterlagen

1   schriftliche Unterlagen sind maschinenschriftlich oder mit anderen genormten Schrifttypen in der Muttersprache abgefasst

2   schriftliche Unterlagen liegen handschriftlich in der Muttersprache vor

3   schriftliche Unterlagen liegen hand- oder maschinenschriftlich in einer Fremdsprache vor

8.5.4 ARBEITSAUFGABE

8.5.4.1 Koordinationserfordernisse

In welchem Ausmass muss sich der Stelleninhaber bei der Ausführung praktischer Handlungen mit anderen Personen abstimmen?

0   es werden keine praktische Handlungen ausgeführt

1   eine Abstimmung ist nicht erforderlich

2   Abstimmung bei einigen wenigen Handlungen (z.B. gemeinsame Materialumlagerung nach einer gewissen Stückzahl)

3   volle Koordination erforderlich (z.B. gemeinsame Maschinenbestückung, Abstimmung zwischen Kranführer und Anschläger)

8.5.4.2 Ungewohnte Umgebung

Wird die untersuchte Tätigkeit an wechselnden Arbeitsstellen oder in fremder Umgebung ausgeführt?

- 0 solche Tätigkeiten werden nicht ausgeführt
- 1 die Tätigkeit wird zwar an wechselnden Orten ausgeführt, diese liegen aber immer im gleichen und bekannten Arbeitsbereich
- 2 die Tätigkeit wird zwar an wechselnden Orten ausgeführt, diese sind jedoch bekannt oder zumindest ähnlich (z.B. Betriebsschlosser, Strassenbahnführer)
- 3 die Tätigkeit wird ständig an neuen, unbekannten Orten in fremder Umgebung ausgeführt, z.B. Montage im Aussendienst

8.5.4.3 Abweichungen vom Normalbetrieb

Welche Tätigkeiten führt der Stelleninhaber aus, wenn es zu Abweichungen vom Normalbetrieb (z.B. Unterbrechung/Störung) kommt?

- 0 Abweichungen vom Normalbetrieb treten nicht auf
- 1 der Stelleninhaber wartet auf die Beseitigung der Unterbrechung oder wendet sich einer anderen für ihn geübten Tätigkeit zu (z.B. bei Mehrmaschinenbedienung)
- 2 Spezialisten führen die notwendigen Instandsetzungstätigkeiten aus bzw. sorgen für die Beseitigung der Unterbrechung, während dem Stelleninhaber eine unterstützende Funktion zukommt
- 3 der Stelleninhaber führt die erforderlichen Tätigkeiten ohne Unterstützung von Spezialisten selbst aus

TEIL III/B: MITTELBARE FAKTOREN

8.5.4.4 Stereotyper Arbeitsablauf

Werden Tätigkeiten relativ geringer Schwierigkeit ausgeführt, die durch eine der folgenden Bedingungen zusätzlich charakterisiert wird?

0 es werden keine Tätigkeiten mit geringem Schwierigkeitsgrad ausgeführt

1 die Tätigkeit ist abwechselungsreich und enthält ständig wechselnde Aufgaben

2 die Tätigkeit ist abwechselungsarm mit sich wiederholenden Aufgaben bei einer Taktzeit von mehr als 5 Minuten

3 die Tätigkeit ist abwechselungsarm mit sich wiederholenden Aufgaben bei einer Taktzeit von weniger als 5 Minuten (z.B. Dateneingabe, Teileeinlegen, Montage kleiner/weniger Teile)

8.5.4.5 Daueraufmerksamkeit

In welchem Ausmass werden Tätigkeiten ausgeführt, die einen Zwang zur Daueraufmerksamkeit erfordern?

E: ein Zwang zur Daueraufmerksamkeit kann entstehen durch:
  o inhaltliche Fixierung auf hohem Niveau (z.B. Lösen schwieriger Rechenaufgaben, Dateneingabe)
  o kontinuierliches Sicherstellen einer Reaktionsbereitschaft (z.B. Flaschenkontrolle, Tätigkeiten in einer Messwarte, Autofahren auf der Autobahn bei sehr wenig Verkehr)
  o eine anhaltende Konzentration in häufig wechselnde Situationen (z.B. Fahr- und Steuertätigkeiten)

0   solche Tätigkeiten werden nicht ausgeführt

1   solche Tätigkeiten werden nur selten und dann auch nur kurzfristig (wenige Minuten) ausgeführt

2   solche Tätigkeiten werden täglich bis zu einer ununterbrochenen Dauer von 30 Minuten durchgeführt (auch mehrmals täglich)

3   solche Tätigkeiten werden länger als 30 Minuten durchgeführt

TEIL III/B: MITTELBARE FAKTOREN

8.5.4.6 KONSEQUENZEN

Welche Konsequenzen können sich im schlimmsten Falle aus einer organisatorisch begründeten Fehlhandlung ergeben?

0 keine Konsequenzen: Fehlhandlungen sind nicht möglich

1 geringe Konsequenzen: keine oder schnell - innerhalb weniger Minuten - korrigierbare Konsequenzen, z.B. im Laufe einer Schicht einholbare Zeitverluste

2 mittlere Konsequenzen: nur mit erheblichem Aufwand korrigierbare Konsequenzen (zeitliche, finanzielle Verluste: z.B. Überstunden, Nacharbeit am Produkt)

3 erhebliche Konsequenzen: Konsequenzen mit erheblichen Folgewirkungen (Verletzungen von Menschen, materielle Schäden an Arbeitsmitteln, nicht korrigierbare Qualitätsminderung an kostenintensiven Produkten)

8.6 ARBEITSUMFELDGESTALTUNG

8.6.1 Bewegungsfläche

Steht am Arbeitsplatz eine ausreichend grosse Bewegungsfläche zur Verfügung?

0 trifft nicht zu

1 Bewegungsfläche ist überall breiter als 1 m und die gesamte Fläche ist grösser als 1,5 m²

2 Bewegungsfläche ist überall breiter als 1 m, die gesamte Fläche ist jedoch kleiner als 1,5 m²

3 Bewegungsfläche ist an einer Stelle schmaler als 1 m

8.6.2 Zugänglichkeit des Arbeitsplatzes

Wie ist die Zugänglichkeit des Arbeitsplatzes realisiert?

0 trifft nicht zu

1 Arbeitsplatz ist ohne jegliche Behinderung zu erreichen (breite, unverstellte Gehwege)

2 freier Zugang ist erschwert durch enge Wege (schmaler als 0,7 m) oder Hindernisse, die auch von oben in den Zugang hineinragen (freie Höhe ist geringer als 2 m), z.B. abgestelltes Material, Hängeförderer, Stellwände, Arbeitsmittel oder Teile von Arbeitsmitteln)

3 kein freier Zugang möglich, Arbeitsplatz ist nur durch die Überwindung von Hindernissen (z.B. Material, Transportbänder) oder über Leitern und durch Luken (z.B. Baukran) erreichbar

TEIL III/B: MITTELBARE FAKTOREN

8.6.3 Erreichbarkeit selten zu nutzender Eingriffsstellen

Wie sind die Teile der Anlage erreichbar, die nur selten vorzunehmende Eingriffe vom Stelleninhaber erfordern?

0 trifft nicht zu, solche Eingriffe sind nicht erforderlich

1 Anlageteile sind gut erreichbar

2 Eingriffsstellen können nur durch ungünstige Körperhaltungen, Nutzung von Übergängen und/oder Tritten erreicht werden

3 Eingriffsstellen können nur mit Hilfsmitteln erreicht werden oder erfordern ein Herumklettern auf/in der Anlage

8.6.4 Ablagemöglichkeiten

Bestehen am Arbeitsplatz ausreichende Ablagemöglichkeiten z.B. für Werkzeuge, Hilfsmittel, Arbeitsgegenstände?

0 trifft nicht zu, Ablagen sind nicht erforderlich

1 es sind ausreichende, funktionell gestaltete Ablagen (auch spezielle Aufnahmevorrichtungen) im Greifbereich vorhanden

2 Ablagefläche ist zwar ausreichend, sie ist jedoch nicht sicherheitsgerecht gestaltet (z.B. schräge Flächen, keine erhöhten Ränder, keine rutschfeste Unterlage, nicht im Greifbereich angeordnet)

3 Ablagefläche am Arbeitsplatz ist zu klein

8.6.5 Materialabstellflächen

Stehen am Arbeitsplatz ausreichende Flächen für die Materialzwischenlagerung zur Verfügung und sind diese gekennzeichnet?

0 trifft nicht zu

1 Grösse der Materialabstellflächen ist ausreichend; sie sind deutlich gekennzeichnet

2 es sind keine Materialabstellflächen gekennzeichnet, der zur Verfügung stehende Platz ist jedoch ausreichend

3 es sind keine ausreichenden Materialabstellflächen direkt am Arbeitsplatz vorhanden, z.B. führen beengte Raumverhältnisse dazu, dass Material auf Verkehrswegen abgestellt wird oder die Bewegungsfläche eingeschränkt wird

Teil III/C

Leitregeln zur informationstechnischen Gestaltung

TEIL III/C: LEITREGELN

Die Nummerierung der Gliederungspunkte erfolgt analog zu Teil B

8.4.1 Signalwahrnehmung
8.4.1.1 Anordnung/Gestaltung

Anzeigen und Signale:
o müssen (bei zentraler Bedeutung) im bevorzugten Gesichtsfeld liegen: werden optische Signale eingesetzt, so müssen diese im optimalen Blickbereich (s. Abb. SW1) liegen oder akustisch unterstützt werden, um die Erkennungswahrscheinlichkeit zu erhöhen.

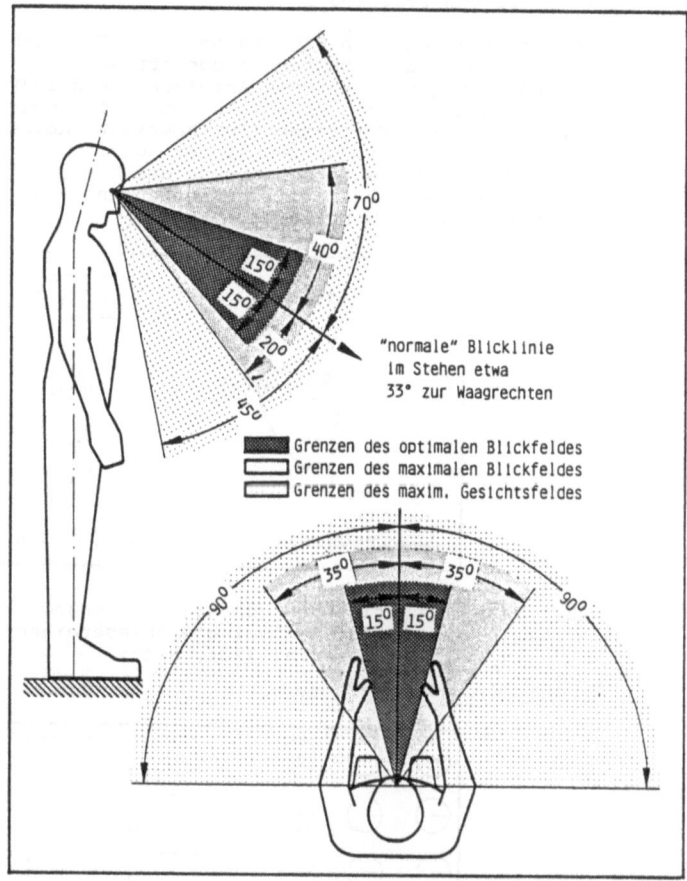

Abb. SW1: Optimaler Blickbereich (Berger 1986, S. 44)

o müssen entsprechend der Wichtigkeit angeordnet sein:
um Verwechselungen oder falsche Bewertungen zu vermeiden, muß der Signalinhalt mit der Darbietung kompatibel sein, d.h. z.B. je lauter oder heller das Signal, desto sicherheitsrelevanter sein Inhalt.
Ebenso ist der Signal- und Aufforderungscharakter verschiedener Farben zu berücksichtigen:
- Rot: Alarmfarbe - Verbot, Halt
- Gelb: Warnfarbe - Warnung
- Grün: Sicherheitsfarbe - Gefahrlosigkeit, Erste Hilfe
- Blau: Ordnungsfarbe - Gebot, Hinweis
(VBG 125 und Frieling 1984)

o müssen (bei mehreren Signalgebern) in Flußdiagrammen oder geometrischen Mustern gruppiert sein:
die Anordnung von mehreren Anzeigen beeinflußt die Wahrnehmungsleistung erheblich. Unterstützende Anordnungen sind Flußdiagramme (für bestimmte Ablesereihenfolgen oder bei großer räumlicher Ausdehnung der überwachten Anlage als Kennzeichnung des Meßortes) oder geometrische Muster (bei Zusammenführung vieler Prozeßparameter an einem Meßpult).

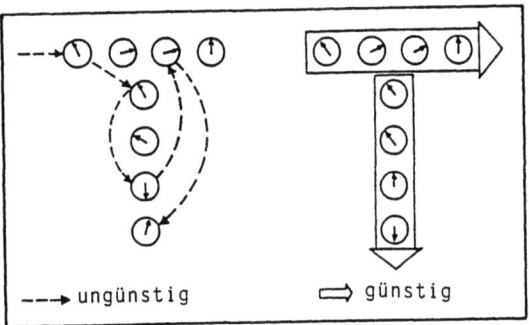

Abb. SW2: Ungünstige und günstige Anordnung von Anzeigen für festgelegte Ablesereihenfolge (Bullinger u.a. 1984, S.47)

Abb. SW3: Beispiel für die Anordnung von Anzeigen nach geometrischen Mustern (Burkhardt 1977, S.147)

TEIL III/C: LEITREGELN   205

   o müssen (bei gruppierten Signalgebern) eine einheit-
     liche Sollwertdarstellung aufweisen:
     liegt eine Gruppierung von Anzeigen vor, so muß eine
     einheitliche Sollwertdarstellung gewährleistet sein
     (vgl. Abb. SW4). Damit wird die Ablesegeschwindigkeit
     und die Anzahl der erkannten Abweichungen deutlich
     erhöht.

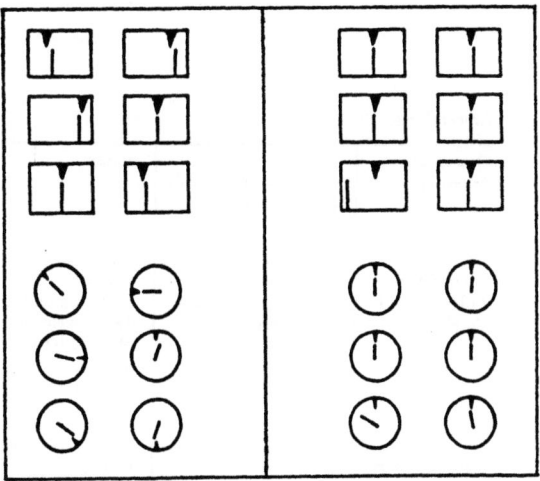

   Abb. SW4: Uneinheitliche (links) und einheitliche
             (rechts) Zeiger-Sollstellung (Bullinger u.a.
             1984, S.46)

8.4.1.2 Eignung

   Anzeigen und Signale:
   o müssen der Arbeitsaufgabe angepaßt sein:
     nicht alle Anzeigen eignen sich gleichermaßen für ver-
     schiedene Wahrnehmungsaufgaben. Daher muß aus der Viel-
     zahl verschiedener Formen (z.B. Skalenanordnung) und
     Arten (Digitalanzeige, Anzeige mit festem Zeiger oder
     fester Skala) ausgewählt werden. Dazu enthält
     DIN 33413 Teil 1 detaillierte Angaben.
     Hinweise zur Eignung optischer Anzeigen ergeben sich
     auch aus der folgenden Abbildung:

206 TEIL III/C: LEITREGELN

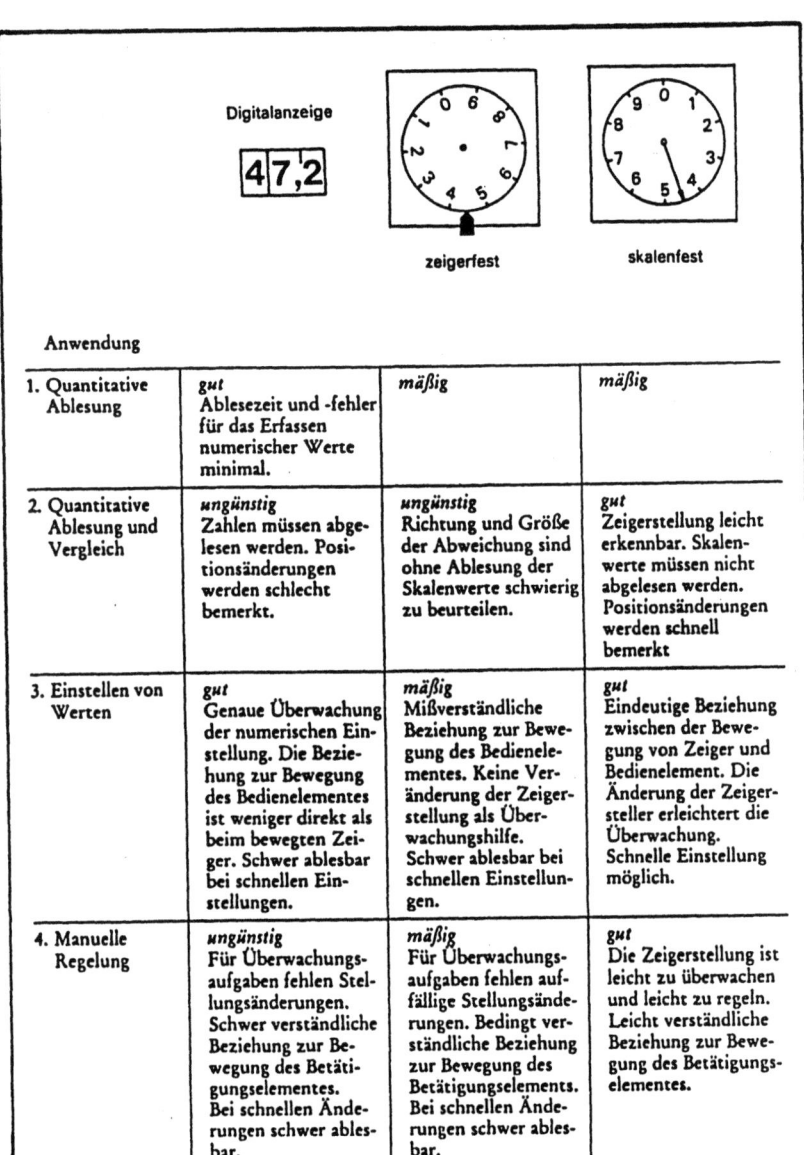

Abb. SW5: Vor- und Nachteile verschiedener Arten
optischer Anzeigen (Kuhlmann 1981, S.234
nach Baker/Grether 1954)

TEIL III/C: LEITREGELN

o müssen (technische) Speichermöglichkeiten aufweisen:
werden Tätigkeiten ausgeführt, bei denen Informationen miteinander verglichen werden müssen und treten diese Informationen zeitlich verteilt auf oder ist gar der zeitliche Verlauf bestimmter Meßgrößen interessant, so sind entsprechende technische Speichermöglichkeiten vorzusehen. Damit werden Übertragungs- und Wahrnehmungsfehler vermieden.

8.4.1.3 Wahrnehmung

Anzeigen und Signale:
o müssen gut wahrnehmbar sein und sich deutlich von der Umgebung abheben:
Signale können nur dann erkannt werden, wenn sie über der Wahrnehmungsschwelle liegen, sie müssen daher überschwellig sein und dürfen nicht durch andere Bedingungen maskiert werden. Als Maskierungsbedingungen können z.B. auftreten:
- bei optischen Signalen (auch sinngemäß auf Gestik/ Handzeichen anwenden):
  > Sichtfenster verdreckt
  > Signalgeber durch Sichtbarriere (z.B. Material verdeckt
  > Direktblendung oder Reflektionen auf dem Signalgeber oder in dessen unmittelbarer Nähe
  > Staub- oder Rauchentwicklung
- bei akustischen Signalen (auch sinngemäß für Kommunikation anwenden):
  > Gefahrensignale liegen nicht mindestens 15 dB(A) über dem allgemeinen Geräuschpegel
  > die Frequenzzusammensetzung des Signals ist der des allgemeinen Geräuschpegels ähnlich
- bei taktilen Signalen:
  > von Maschinen- oder Raumschwingungen überlagert
  > beim Tragen von Schutzhandschuhen nicht mehr fühlbar.

o müssen folgende Bedingungen erfüllen:
die Erkennungsleistung von Signalen ist von nachfolgenden Kriterien abhängig:
- Häufigkeit der Signale (Signalfrequenz)
- Intervalldauer
- Darbietungszeit
- Anzahl.

Die Erkennungsleistung steigt dabei unter folgenden Bedingungen:
- bis zu einer Signalanzahl von 100 - 200 Signalen in 30 Minuten
- bei guter Vorhersehbarkeit des zeitlichen Auftretens
- durch Ankündigung mit einer Voranzeige
- mit steigender Signalintensität (dabei müssen natürlich entsprechende Grenzwerte eingehalten werden) und mit längerer Darbietungszeit (diese beiden vorangegangenen Bedingungen werden im Verfahren nicht abgefragt, da für sie keine quantifizierten Beurteilungsgrößen existieren)

- mit der Berücksichtigung folgender Grenzen bei der Anzahl von Signalen:

Darstellungs- form der Nachricht	Absolute Unter- schieds- stufen	Relative Unterschieds- stufen	Bemerkungen
Farbe	9 bis 11	130 (bei mittlerer Intensität)	wenig Raum, leicht identifizierbar, von Raumbeleuchtung abhängig
Ziffern und Buchstaben	—	—	wenig Raum, Identifizie- rungszeit länger als bei Farbe, Kontrast beachten
Formen	15	—	wenig Raum erforder- lich
Zeiger- stellung	10	entsprechend relativer Schwelle	Grenze des Interpola- tionsvermögens
Größe	5	—	viel Raum erforderlich, lange Identifizierungs- zeit
Linienlänge	5	entsprechend relativer Schwelle	wirkt verwirrend
Helligkeit	4	570 (weißes Licht)	ermüdend, besondere Kontrastverhältnisse notwendig
Blinkfrequenz	5	375	
Tonhöhen	5	1800 bei 60 dB	
Lautstärke	5	325 bei 2000 Hz	

Tab. SW1: Anzahl von Signalen, die unterschieden werden können (Spalte 2 Unterschiedsmög- lichkeiten ohne Vergleich mit Bezugspunk- ten, Spalte 3 relative Unterschiedsstufen) (Neumann/Timpe 1976, S.153)

o müssen schnell erkennbar und deutlich unterscheidbar sein, dies gilt,:
  - wenn dem Lese- bzw. Erkennungsabstand angepaßte Schriftgrößen eingesetzt werden:

TEIL III/C: LEITREGELN

Zifferngröße	Sehwinkel Nahbereich	Standardentfernungen		
		30 cm	80 cm	300 cm
Mindestgröße	27,5'	2,4 mm	6 mm	14 mm
Optimalisiert	55,0'	4,8 mm	12 mm	28 mm

Tab. SW2: Zifferngrößen unter Mindest- und Optimalisierungsgesichtspunkten für verschiedene Standardentfernungen (Burkhardt 1977, S.142)

- wenn Skalenbeschriftung und Teilstriche günstig (richtig) zugeordnet sind

Abb. SW6: Falsche und richtige Skaleneinteilungen. Unterteilungen sollen in den Schritten 5 oder 2 oder 1 erfolgen (Grandjean 1979, S.157)

- wenn die Beschriftung über den Signalgebern liegt und bei Anzeigen die Skalenbeschriftung nicht durch Zeiger verdeckt wird (vgl. Abb. SW7)

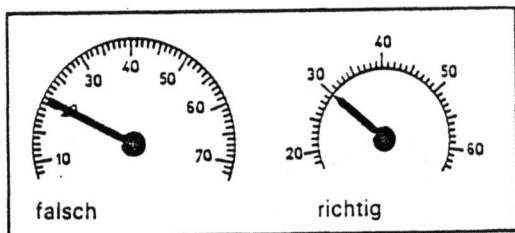

Abb. SW7: Falsche und richtige Anordnung von Zeiger und Zahlen auf dem Zifferblatt. Die Zeigerspitze soll auf gleicher Höhe und gleich breit sein wie die Skalenstriche; sie soll Teilstriche und Ziffern nicht überdecken (Grandjean 1979, S.158).

- wenn kritische Signale bzw. kritische Bereiche in Anzeigen farbig unterlegt sind (z.B. rot für Gefahr, gelb für Achtung).

8.4.1.4 Bekanntheitsgrad

Informationen und Signale können nur dann in richtige Handlungen umgesetzt werden, wenn der Inhalt der Information erkannt wird. Diese Erkennung wird vereinfacht, wenn die Information direkt lesbar ist (z.B. heiß-warm-neutral-kühl-kalt statt einer Temperatureinteilung in Stufen 1-2-3-4-5) oder einfach kodiert erscheint (z.B. in Form von Abkürzungen). Auch bei einfachen Kodierungen sollte eine Dekodierungstabelle ständig griffbereit sein.

8.4.1.5 Vollständigkeit

Anzeigen und Signale:
o müssen sicherheitskritische Situationen rechtzeitig vor einer nötigen Reaktion anzeigen, damit die notwendige Handlung ausreichend reflektiert werden kann

o müssen einen so großen Informationsgehalt aufweisen, daß die geforderte Reaktion ohne Nachfragen ausgeführt werden kann

o müssen sicherheitskritische Situationen redundant anbieten (z.B. optisch und akustisch), damit die Erkennungswahrscheinlichkeit erhöht wird

o müssen (bei Beobachtungen über einen längeren Zeitraum) durch technische Möglichkeiten speicherbar sein: werden bei der Bewältigung der Arbeitsaufgabe technische, physikalische oder chemische Abläufe erfaßt (z.B. Temperaturverläufe, Geschwindigkeitsänderungen), so sollen die zu beurteilenden Parameter jederzeit ablesbar gespeichert sein (z.B. Thermograf)

TEIL III/C: LEITREGELN 211

8.4.2 Stellteilbetätigung

8.4.2.1 Anordnung

Stellteile:
o müssen (bei zentraler Bedeutung) im bevorzugten Greif-
  bzw. Fußraum liegen:
  häufig zu betätigende, schnell erreichbare und wichtige Stellteile müssen im zentralen/bevorzugten Greifraum bzw. Fußraum liegen (s. Abb. SB1 und SB2), während Stellteile untergeordneter Bedeutung, die selten
  betätigt werden, auch außerhalb der maximal erreich-
  baren Räume liegen dürfen. Diese Räume sind nach dem
  kleinsten Benutzer auszulegen.

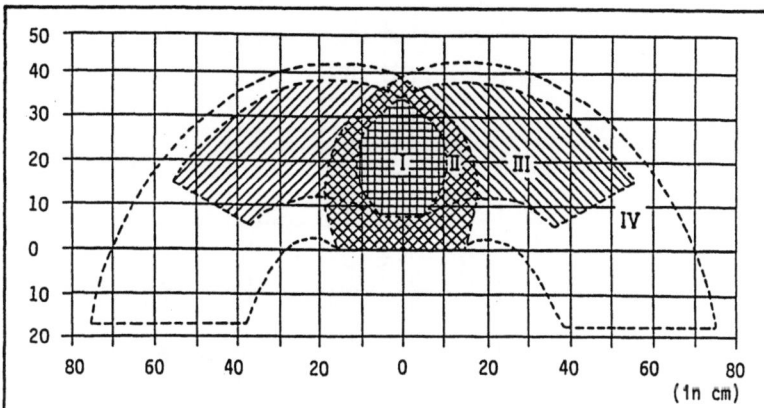

Zone I: Arbeitszentrum (beide Hände arbeiten nahe beieinander im Blickfeld). Montageort (Ort für Aufnahmevorrichtungen).

Zone II: Erweitertes Arbeitszentrum (beide Hände arbeiten im Blickfeld und erreichen alle Orte dieser Zone).

Zone III: Einhandzone (Zone zum Lagern von Teilen und Handwerkzeugen, die einhändig oft gegriffen werden, sowie Zone für Handstellteile).

Zone IV: Erweiterte Einhandzone (äußerste nutzbare Zone für Greifbehälter).

Abb. SB1: Greifraum (nach VDI 1980, S.69)

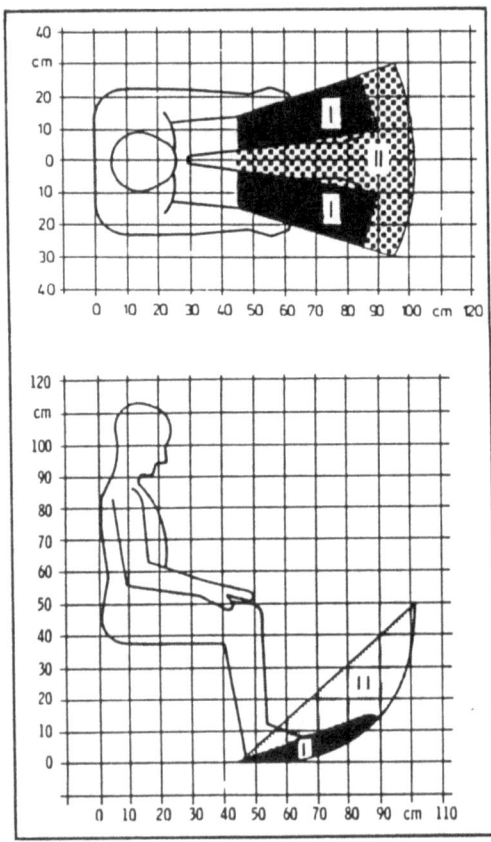

Abb. SB2: Örtliche Lage für die Anordnung von Fußstellteilen (I bevorzugte Wirkzone für genaue Bewegungen, II erweiterte Wirkzone für seltenere Benutzung) (Bullinger u.a. 1984)

o müssen soweit auseinander liegen, daß ein zufälliges Betätigen anderer Stellteile verhindert wird:
der jeweilige Abstand ist abhängig von der betätigenden Gliedmaße (z.B. Hand, Finger, Fuß) und von der getragenen Schutzkleidung.

TEIL III/C: LEITREGELN

o müssen entsprechend ihrer Wichtigkeit angeordnet werden: häufig zu betätigende oder von der Funktion her wichtige Stellteile sind im optimalen Greifraum links oder rechts von der Körpermitte anzuordnen (bei einhändiger Betätigung)

o müssen bei häufigen Stellteilbetätigungen oder sicherheitsrelevanten Eingriffen von einem festgelegten Standort ausgeführt werden.

8.4.2.2 Eignung

Stellteile:
o müssen der Arbeitsaufgabe angepaßt sein:
je nach auszuführender Tätigkeit müssen unterschiedliche Stellteile gewählt werden. Die folgende Tabelle gibt den Grad der Eignung für Stellteile bei verschiedenen Tätigkeiten an.

Stellteilart	schnelles Einstellen	Eignung für genaues Einstellen	Übertragung von Kräften	Einstellungen in großem Bereich
Kurbel				
groß	gut	schlecht	ungeeignet	gut
klein	schlecht	ungeeignet	gut	gut
Rad	schlecht	gut	mäßig/schlecht	mäßig
Drehknopf	ungeeignet	mäßig	ungeeignet	mäßig
Hebel				
horizontal	gut	schlecht	schlecht	schlecht
vertikal (längs)	gut	mäßig	kurz: schlecht lang: mäßig	schlecht
vertikal (quer)	mäßig	mäßig	mäßig	ungeeignet
Steuerknüppel	gut	mäßig	schlecht	schlecht
Fußpedal	gut	schlecht	gut	ungeeignet
Druckknopf	gut	ungeeignet	ungeeignet	ungeeignet
Knebel	gut	gut	ungeeignet	ungeeignet
Kippschalter	gut	gut	schlecht	ungeeignet

Tab. SB1: Anwendungsbereiche verschiedener Stellteilarten (Kuhlmann 1981, S.236)

Eine sehr ausführliche und weiterführende Auflistung von Stellteilen und Beurteilungskriterien enthält DIN 33401

o müssen einen sicheren Kontakt zwischen Stellteil und auszuführender Gliedmaße gewährleisten; dabei sind z.B. die Oberflächengestaltung, Größe, Form, Handschuhe, Nässe, Staub, Schmutz zu beachten

o müssen (bei sicherheitsrelevanten Eingriffen) eine stufige - möglichst nur zwei Stufen - statt einer kontinuierlichen Regelung besitzen (wenn mit einem Stellteil sicherheitsrelevante Eingriffe - vor allem in kritischen Situationen, wie z.B. Störungen - vorgenommen werden, so sind 2-stufige Stellteile solchen mit kontinuierlicher Regelung vorzuziehen).

8.4.2.3 Ausführung

o Die inhaltliche Zuordnung von Signal und Stellteil muß eindeutig sein:
d.h. auf ein sicherheitsrelevantes Signal muß genau eine Reaktion/Eingriff erfolgen. Der erforderliche Eingriff muß durch das Signal unmißverständlich bezeichnet werden.

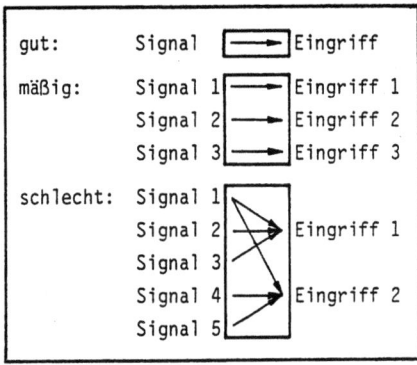

Abb. SB3: Zuordnung von Signal und Reaktion (nach Matern 1984)

o Die räumliche Zuordnung von Signal und Stellteil muß eindeutig sein:
häufiger Grund für Verwechselungen bei der Betätigung von Stellteilen ist eine ungünstige räumliche Zuordnung von Anzeige/Signalgeber und Stellteil. Eine räumliche Zuordnung muß nach populationsstereotypen Kriterien erfolgen, damit das gewohnheitsmäßige Reagieren berücksichtigt wird. Die folgende Abbildung stellt diesen Zusammenhang dar.

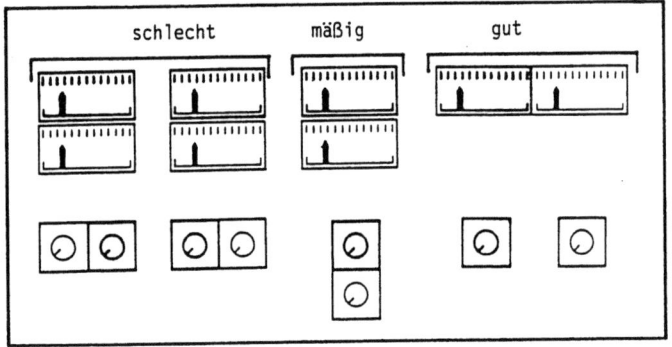

Abb. SB4: Verschiedene Formen inkompatibler und kompatibler Zuordnungen von Anzeigen und Stellteilen (Kuhlmann 1981, S. 238)

TEIL III/C: LEITREGELN

o Die Bewegungsrichtung der Stellteile muß mit der zu erwartenden Reaktion sinnfällig erfolgen:
ähnlich wie die räumliche Zuordnung muß die Bewegungsrichtung der Stellteile sinnfällig mit der zu erwartenden Reaktion ausgelegt sein. Diese Kompatibilität ist vor allem in kritischen Situationen (z.B. Störungen) wichtig, denn hier kann die sonst mögliche Konzentration auf die richtige Betätigung durch die rasche unbekannte Folge von Ereignissen fehlen oder eingeschränkt sein.
Die folgenden Abbildungen zeigen einige Kompatibilitätsregeln.

Funktion	Bedienungsbewegung
ein	nach oben, nach rechts, nach vorn, rechtsdrehend, ziehen
aus	nach unten, nach links, nach hinten, linksdrehend, drücken
nach rechts	nach rechts, rechtsdrehend
nach links	nach links, linksdrehend
auf, heben	nach oben, zum Körper
ab, senken	nach unten, vom Körper
schließen	nach oben, nach hinten, ziehen, rechtsdrehend
öffnen	nach unten, nach vorn, drücken, linksdrehend
zunehmend	nach vorn, nach oben, nach rechts, rechtsdrehend
abnehmend	nach hinten, nach unten, nach links, linksdrehend
vorwärts	nach oben, nach rechts, vom Körper weg
rückwärts	nach unten, nach links, zum Körper hin
fahren	nach oben, nach rechts, nach vorn, rechtsdrehend
bremsen	nach unten, nach links, nach hinten, linksdrehend

Tab. SB2: Sinnfällige Stellbewegungen (VDI 1980, S.98)

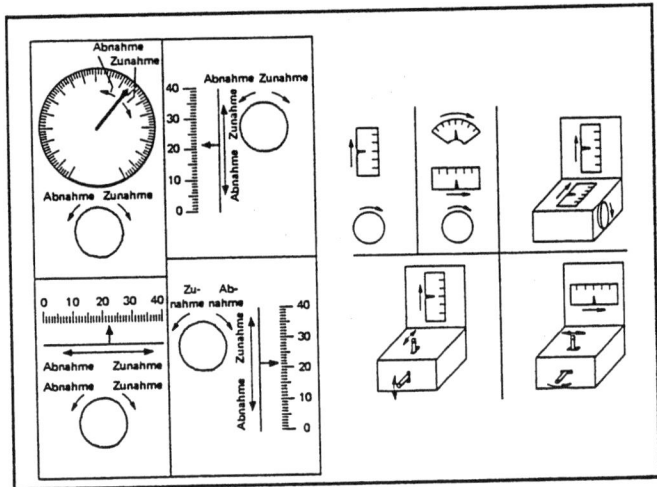

Abb. SB5: Sinnfällige Bewegungen von Stellteilen und Anzeigen (VDI 1980, S.98)

o Stellteile und ihre Stellung müssen voneinander deutlich zu unterscheiden sein, mit folgenden Gestaltungskriterien sind diese Forderungen zu erfüllen:
  - Größe, Form, Oberfläche
  - farbliche Gestaltung
  - räumliche Lage
  - Beschriftung, Symbole

o der Stellwiderstand muß so ausgelegt sein, daß eine Betätigung ohne überhöhten Kraftaufwand möglich ist: bei der Gestaltung und Auswahl von Stellteilen muß der erforderliche Kraftaufwand berücksichtigt werden. Der Stellwiderstand muß so ausgelegt sein, daß ein häufiges Betätigen und falls erforderlich eine hohe Stellgenauigkeit möglich sind. In der DIN 33401 sind entsprechende Werte angegeben.

o Stellteile müssen gegen unbeabsichtigtes Betätigen gesichert sein:
können durch Stellteile gefahrbringende Bewegungen ausgelöst werden, so sind diese gegen unbeabsichtigtes Betätigen (wie z.B. Anstoßen, Hängenbleiben, Fallen von Gegenständen) zu sichern. Nach VBG 5 und deren Durchführungsanweisung gilt: "Das unbeabsichtigte Betätigen gilt z.B. als verhindert, wenn die Stellteile
  - als Handräder ohne Griff und Speichen, als Rändelmuttern und dergleichen ausgeführt sind,
  - in umgebende Teile eingebettet oder unter Schutzkragen angeordnet sind,
  - tunnel- oder bügelartig überdeckt sind oder durch ihre Lage geschützt sind,

TEIL III/C: LEITREGELN

- durch eine Kulisse in einer Sperrlage gehalten werden,
- eine selbsttätige Sperreinrichtung haben, die zusätzlich entriegelt werden muß, oder
- durch eine übergeordnete Einrichtung außer Funktion gesetzt werden können." (Durchführungsanweisung zu § 11 Abs. 3, VBG 5).

8.4.2.4 Rückmeldung

o Die Stellbewegung muß vom Ausführenden optisch überwacht werden können, durch Stellwiderstände spürbar oder durch akustische Ausführungssignale hörbar sein: zur Kontrolle der Bewegungsausführung braucht der Mensch Informationen. Diese Informationen sollen vorzugsweise durch die optische Verfolgung der Bewegung geliefert werden oder, wenn dies nicht realisiert werden kann, muß zumindest die erfolgreiche Stellbewegung rückgemeldet werden. Mit folgenden Maßnahmen kann das Erreichen des Endpunktes verdeutlicht werden:
- spürbar durch entsprechende Stellwiderstände
- hörbar durch entsprechende akustische Signale
- durch optische Anzeigen.

o Die erfolgreiche Reaktion auf ein sicherheitskritisches Signal muß durch die Technik selbst bestätigt werden (z.B. Verlöschen des Signals).

8.4.2.5 Reaktionszeit

Für die Ausführung einer Reaktion auf ein Signal muß eine ausreichende Reaktionszeit gegeben sein. Als Grenzwert für eine solche Reaktionszeit werden 10 Sekunden gesetzt, die jedoch entsprechend der folgenden Kriterien sowohl verlängert als auch verkürzt werden kann:
- durch die Erkennbarkeit des Signals
- durch die Eindeutigkeit des Signals (ggf. müssen weitere Informationen eingeholt werden)
- durch die interne Verarbeitungszeit
- durch die Zeit bis zum Erreichen des Stellteils
- durch die Zeit für die Stellbewegung.

Dabei ist zu beachten, daß die Reaktionszeit logarithmisch mit der Zahl der Handlungsalternativen zunimmt (Hacker 1978, S.292).
Als Grenzwert für eine ausreichende Reaktionszeit werden 10 Sekunden gesetzt, die jedoch entsprechend der o.a. Kriterien sowohl verlängert als auch verkürzt werden kann. Im Einzelfall kann somit auch eine andere Reaktionszeit eingesetzt werden.

Literatur

Bayerisches Staatsministerium für Arbeit und Sozialordnung (Hrsg.): Sicherer Umgang mit elektrischem Strom, Teile 1-4. München 1983/1984

Benz, C./Leibig, J./Roll, K.-F.: Gestalten der Sehbedingungen am Arbeitsplatz. Köln 1983

Berger, J.: Arbeitsplatzgestaltung und Körpermaße. Köln 1986

Beyersmann, D./Hückel, D.: Arbeitsstoffe, gefährliche. In: Bundesanstalt für Arbeitsschutz (Hrsg.): Handbuch zur Humanisierung der Arbeit, S. 307-337. Bremerhaven 1985

BG der Feinmechanik und Elektrotechnik (Hrsg.): Gefahren des elektrischen Stromes. Köln 1987

Bullinger, H.-J./Kern, P./Lorenz, D.: Arbeitsplätze an Pressen. Ministerium für Arbeit, Gesundheit, Familie und Sozialordnung Baden-Württemberg (Hrsg.). Stuttgart 1984

Bundesverband der Betriebskrankenkassen (Hrsg.): Krankheitsarten- und Arbeitsunfallstatistik 1986. Essen 1987

Burger, H.: Das Wissenschaftsbild des Arbeitsschutzes. Schriftenreihe der Bundesanstalt für Arbeitsschutz, Forschungsbericht Nr. 144. Dortmund 1975

Burkhardt, F.: Information und Motivation zur Arbeitssicherheit. Wiesbaden 1981

Burkardt, F.: Anzeigen und Signale. In: Institut für angewandte Arbeitswissenschaft (Hrsg.): Taschenbuch der Arbeitsgestaltung. Köln 1977

Compes, P.C.: Betriebsunfälle wirtschaftlich gesehen. Köln 1965

Dupuis, H.: Schwingungsmessung. In: Brockmann u.a. (Hrsg.): Schall und Schwingungen am Arbeitsplatz. Köln 1981

Egyptien, H./Schliephacke, J./Siller, E.: Elektrische Anlagen und Betriebsmittel - VBG 4. Köln 1986

Euler, H.P.: Das Konfliktpotential industrieller Arbeitsstrukturen. Opladen 1977

Fanger, P.O.: Thermal Comfort. Mc.Craw-Hill Comp. New York 1972

Fischer, H.: Grundlagen zur systematischen Analyse von Gefährdungen, insbesondere von Unfallgefährdungen mechanischer Art unter Nutzung der Modellbildung. Technische Universität Dresden, Dissertation 1983

Fischer, P.: Gefährdungsmöglichkeiten durch UV-Strahlung im Betrieb. In: sicher ist sicher 4/1985, S. 200-204

Fördergemeinschaft Gutes Licht (Hrsg.): Informationen zur Lichtanwendung. Heft 1 bis 9.

Forsthoff, A.: Arbeiten in -28 °C. In: Gesellschaft für Arbeitswissenschaft (Hrsg.): Reihe 'Dokumentation Arbeitswissenschaft', Band 9. Köln 1983

Frieling, E./Kannheiser, W./Facaoaru, C./Wöcherl, H./Dürholt, E.: Entwicklung eines theoriegeleiteten, standardisierten, verhaltenswissenschaftlichen Verfahrens zur Tätigkeitsanalyse - TAI. Forschungsprojekt 01 HA 029, Humanisierung des Arbeitslebens, Bundesminister für Forschung und Technologie, Endbericht. München 1984

Frieling, H.: Farbe am Arbeitsplatz. Bayerisches Staatsministerium für Arbeit und Sozialordnung (Hrsg.). München 1984

Fuchs, K./Müller, R./Volkholz, V.: Grundsätze zur menschengerechten Gestaltung der Arbeit. In: Fuchs, K./Hentschel, J./Volkholz, V.: Arbeitsschutzindikatoren und Grundsätze zur menschengerechten Arbeit. Schriftenreihe der Bundesanstalt für Arbeitsschutz, Forschungsprojekt Nr. 785. Dortmund 1982

Grandjean, E.: Physiologische Arbeitsgestaltung. Thun 1979

Griefahn, B.: Grenzwerte vegetativer Belastbarkeit. In: Zeitschrift für Lärmbekämpfung 29(1982), S. 131-136

Günther, E./Hymmen, R.: Unfallbegutachtung. Berlin 1972

Hacker, W.: Allgemeine Arbeits- und Ingenieurpsychologie. Bern, Stuttgart, Wien 1978

Hacker, W./Richter, P.: Psychische Fehlbeanspruchung. In: Hacker, W. (Hrsg.): Spezielle Arbeits- und Ingenieurpsychologie in Einzeldarstellungen, Band 2. Berlin 1984

Hartmann, E.: Optimale Beleuchtung am Arbeitsplatz. Ludwigshafen 1977

Hauptverband der gewerblichen Berufsgenossenschaften (Hrsg.): Arbeitsunfallstatistik für die Praxis 1987. St. Augustin 1987

Hettinger, Th.: Methoden zur Erfassung von Belastbarkeit sowie der Belastung und Beanspruchung des Menschen in der Arbeitswelt. In: Krause, H./ Pillat, R./ Zander, E. (Hrsg.): Arbeitssicherheit, Gruppe 9, S. 375-518, Heft 4, Dezember 1980. Freiburg i.Br. 1980

Hoesch-Estel (Hrsg.): Menschengerechte Arbeitsgestaltung – Lärmminderung am Arbeitsplatz. Dortmund 1975

Hoyos, C. Graf: Psychologische Grundlagen menschlicher Arbeit. In: Reichel, G. u.a. (Hrsg.): Grundlagen der Arbeitsmedizin. Stuttgart, Berlin, Köln, Mainz 1985

Hoyos, C. Graf: Psychologische Unfall- und Sicherheitsforschung. Stuttgart, Berlin, Köln, Mainz 1980

Hoyos, C. Graf: Arbeitspsychologie. Stuttgart, Berlin, Köln, Mainz 1974a

Hoyos, C. Graf: Kompatibilität. In: Schmidtke, H. (Hrsg.): Ergonomie 2, S. 93-112. München, Wien 1974b

Hoyos, C. Graf u.a.: Fragebogen zur Sicherheitsdiagnose (FSD). Bericht des Lehrstuhls für Psychologie der Technischen Universität München. München 1988

Hoyos, C. Graf/Gockeln, R./Palecek, H.: Handlungsorientierte Gefährdungsanalyse an Unfallschwerpunkten der Stahlindustrie. In: Zeitschrift für Arbeitswissenschaft 35(1981)3, S. 146-149

Hullmann, B./Schäfer, K.-H./Sonn, E.: Zur Arbeitsbedingtheit degenerativer rheumatischer Erkrankungen. In: Elsner, G./Karmaus, W./Lißner, L. (Hrsg.): Muß Arbeit krank machen?, S. 108-121. Hamburg 1986

IG Chemie-Papier-Keramik (Hrsg.): Handlungsanleitung Gefahrstoffverordnung, MAK-Wert-Liste. Hannover 1987

Jansen, W./Penker, R./Renz, K.: Strahlenschutz. Berufsgenossenschaft der Feinmechanik und Elektrotechnik (Hrsg.). Köln 1985

Jüptner, H.: Gestaltung von Griffen und Stellteilen. In: Institut für angewandte Arbeitswissenschaft (Hrsg.): Taschenbuch der Arbeitsgestaltung. Köln 1977

Jungkind-Butz, W.: Verfahrensentwicklung zur Analyse von Arbeitsumgebungsfaktoren – Fallbeispiel Lärm. Hannover 1986

Jungkind, W./Nohl, J.: Handlungshilfe Lärm. Köln 1986

Kannheiser, W.: Neue Techniken und organisatorische Bedingungen: Ergebnisse und Einsatzmöglichkeiten des Tätigkeits-Analyse-Inventars (TAI). In: Sonntag, K. (Hrsg.): Arbeitsanalyse und Technikentwicklung, S. 69-85. Köln 1987

Kannheiser, W.: Erfassung potentiell beanspruchungsrelevanter organisatorisch-technischer Bedingungsstrukturen von Arbeitstätigkeiten. Gesamthochschule Kassel, Dissertation 1984

Kasperek, B.: Der Einfluß von Arbeitsstrukturen auf die Arbeitssicherheit. In: Zbl. Arbeitsmedizin 36(1986), S. 290-300

Kaufmann, I./Pornschlegel, H./Udris, I.: Arbeitsbelastung und Beanspruchung. In: Zimmermann, L.(Hrsg.): Humane Arbeit – Leitfaden für Arbeitnehmer, Band 5, S. 13-48. Reinbek bei Hamburg 1982

Kieback, D./Thürauf, J./Valentin, H.: Grundlagen der Beurteilung von Unfällen durch elektrischen Strom. Hauptverband der gewerblichen Berufsgenossenschaften e.V. (Hrsg.). Bonn 1985

Kliesch, G./Nöthlichs, M./Wagner, R.: Arbeitssicherheitsgesetz – Kommentar. Berlin 1978

Kuhlmann, A. u.a. : Prognose der Gefahr. Köln 1969

Kuhlmann, A.: Einführung in die Sicherheitswissenschaft. Köln 1981

Kulka, H. u.a. (Autorenkollektiv): Arbeitswissenschaften für Ingenieure. Leipzig 1980

Kylian, H. u.a.: Arbeitsphysiologische Untersuchungen an Fließarbeitsplätzen auf einer sich drehenden Arbeitsplattform. In: Arbeitsmedizin, Sozialmedizin, Präventivmedizin 22(1987)12, S. 294-300

Laurig, W.: Grundzüge der Ergonomie. Köln 1980

Lawrenz: Die neue UVV 'Kraftbetriebene Arbeitsmittel'. In: Mitteilungsblatt BAU-BG Hannover 2/1986, S. 52-56

Leichsenring, Ch.: Arbeitszeit und Arbeitssicherheit. In: Sicherheitsingenieur (1986)4, S. 34-38

Luczak, H.: 'Informationstechnische Arbeitsgestaltung' und 9.2 'Pausen'. In: Rohmert, W./Rutenfranz, J. (Hrsg.): Praktische Arbeitsphysiologie, S. 321-355 und S. 358-367. Stuttgart, New York 1983

Luczak, H./Rohmert, W.: Stand der Arbeitswissenschaft. In: Zeitschrift für Betriebswirtschaft, Erg.-Heft 1/1984, S. 36-100

Manneck, E./Stickl, H.: Der Einfluß des Lichtes auf Funktion des Immunsystems und auf die Infektionsbelastbarkeit. In: Arbeitsmedizin, Sozialmedizin, Präventivmedizin 21(1986)6, S. 132-140

Matern, B.: Psychologische Arbeitsanalyse. In: Hacker, W. (Hrsg.): Spezielle Arbeits- und Ingenieurpsychologie in Einzeldarstellungen, Band 3. Berlin, Heidelberg, New York, Tokyo 1984

McGrath, J.E.: Stress and behaviour in organizations. In: Dunnette, M. (Hrsg.): Handbook of industrial and organizational psychology, S. 1351-1395. Chicago 1976

Menges, G. u.a.: Unfallverhütung und Humanisierung des Arbeitsplatzes in Kunststoff-Spritzgießbetrieben. Forschungsprojekt Humanisierung des Arbeitslebens, Bundesminister für Forschung und Technologie, Endbericht. Bonn 1981

Mergner, U.: Technisch-organisatorischer Wandel und Belastungsstruktur. In: Kasiske, R. (Hrsg.): Gesundheit am Arbeitsplatz, S. 12-32. Reinbek 1976

Müller, R.: Arbeitsbedingte Erkrankungen. In: Fuchs, K./Hentschel, J./Volkholz, V.: Arbeitsschutzindikatoren und Grundsätze zur menschengerechten Arbeit, Schriftenreihe der Bundesanstalt für Arbeitsschutz, Forschungsprojekt Nr. 785. Dortmund 1982

Neumann, J./Timpe, K.-P.: Psychologische Arbeitsgestaltung. Berlin 1976

Nieder, P.: Die 'gesunde' Organisation. Spardorf 1984

Niedersächsischer Sozialminister/Niedersächsischer Umweltminister (Hrsg.): Gewerbeaufsicht in Niedersachsen – Jahresbericht 1985/1986. Hannover 1987

Nill, E.: Wege zum Erfolg. Wiesbaden 1980

Nohl, J./Thiemecke, H.: Systematik zur Durchführung von Gefährdungsanalysen, Teil I: Theoretische Herleitung. Schriftenreihe der Bundesanstalt für Arbeitsschutz, Forschungsbericht Nr. 536. Dortmund 1988a

Nohl, J./Thiemecke, H.: Systematik zur Durchführung von Gefährdungsanalysen, Teil II: Praxisbezogene Anwendung. Schriftenreihe der Bundesanstalt für Arbeitsschutz, Forschungsbericht Nr. 542. Dortmund 1988b

Nordwestliche Eisen- und Stahl-Berufsgenossenschaft (Hrsg.): Die Zuverlässigkeit von Überwachungstätigkeiten. Hannover 1985

Oehler, E.: Strahlenschutz im Betrieb. In: Fortschrittliche Betriebsführung und Industrial Engineering 36(1987)4, S. 180-282

Radl, W./Burger, H./Kvasnicha, E./Schaaf, E./Than, G.: Psychische Beanspruchung und Arbeitsunfall. Schriftenreihe der Bundesanstalt für Arbeitsschutz, Forschungsbericht Nr. 145. Dortmund 1975

REFA – Verband für Arbeitsstudien und Betriebsorganisation e.V.: Methodenlehre des Arbeitsstudiums, Teil 1: Grundlagen. München 1978

Reichel, G.: Nichtionisierende Strahlung und Elektrizität. In: Reichel, G. u.a. (Hrsg.): Grundlagen der Arbeitsmedizin, S. 256-267. Stuttgart, Berlin, Köln, Mainz 1985a

Reichel, G.: Vibrationen. In: Reichel, G. u.a. (Hrsg.): Grundlagen der Arbeitsmedizin, S. 190-201 Stuttgart, Berlin, Köln, Mainz 1985b

Rohmert, W.: Formen menschlicher Arbeit. In: Rohmert, W./Ruthenfranz, J. (Hrsg.): Praktische Arbeitsphysiologie, S. 5-29. Stuttgart, New York 1983

Rohmert, W./Rutenfranz, J.: Arbeitswissenschaftliche Beurteilung. Bundesminister für Arbeit und Sozialordnung (Hrsg.). Bonn 1975

Ruppert, F.: Gefahrenwahrnehmung – ein Modell zur Anforderungsanalyse für die verhaltensabhängige Kontrolle von Arbeitsplatzgefahren. In: Zeitschrift für Arbeitswissenschaft 41(1987)2, S. 84-87

Ruppert, F./Hirsch, Chr./Waldherr, B.: Wahrnehmen und Erkennen von Gefahren am Arbeitsplatz. Schriftenreihe der Bundesanstalt für Arbeitsschutz, Forschungsbericht Nr. 426. Bonn 1985

Rutenfranz, J.: Arbeitsbedingte Erkrankungen – Überlegungen aus arbeitsmedizinischer Sicht. In: Arbeitsmedizin, Sozialmedizin, Präventivmedizin (1983)11, S. 257-267

Schliephacke, J.: Die Sicherheitsfachkraft – Unternehmensberater in Arbeitssicherheit. In: Sicherheitsingenieur (1985) 10, S. 34-37 und (1985) 11, S. 36-40

Schmidtke, H.: Ergonomische Bewertung von Arbeitssystemen – Entwurf eines Verfahrens. München, Wien 1976

Schmidtke, H.: Ergonomie 1. München 1973

Schnauber, H.: Auswirkungen mechanischer Schwingungen auf den Menschen. In: Krause, H./Pillat, R./Zander, E. (Hrsg.): Arbeitssicherheit, Gruppe 9, S. 281-342, Heft 2, Juni 1978. Freiburg i. Br. 1978

Schneider, B.: Aufgaben der Arbeitssicherheit und ihre Wahrnehmung im Betrieb. In: Krause, H./Pillat, R./Zander, E. (Hrsg.): Arbeitssicherheit, Gruppe 4, Heft 4, September 1981, S. 1-44. Freiburg i. Br. 1981

Schneider, B./Wallner, M.: Aufgaben und Arbeitsweise der Fachkräfte für Arbeitssicherheit. In: Bundesanstalt für Arbeitsschutz und Hauptverband der gewerblichen Berufsgenossenschaften e.V. (Hrsg.): Ausbildung Sicherheitsfachkräfte, Grundlehrgang A. Köln 1976

Schneider, H.: Welche betrieblichen Kosten entstehen pro Unfalltag. Schriftenreihe der Bundesanstalt für Arbeitsschutz, Forschungsbericht Nr. 246. Dortmund 1984

Siekmann, H.: UV-Strahlenexposition an Arbeitsplätzen. In: Arbeitsmedizin, Sozialmedizin, Präventivmedizin 21(1986)7, S. 177-180

Skiba, R.: Taschenbuch Arbeitssicherheit. Bielefeld 1979

Skiba, R.: Die Gefahrenträgertheorie. Schriftenreihe der Bundesanstalt für Arbeitsschutz und Unfallforschung, Forschungsbericht Nr. 106. Dortmund 1973

Slesina, W.: Arbeitsbedingte Erkrankungen und Arbeitsanalyse. Stuttgart 1987

Spieser, R./Herbst, C.-H./Höfler, K./Wuillemin, A.: Handbuch für Beleuchtung. Essen 1975

Spitzer, H./Hettinger, Th./Kaminsky, G.: Tafeln für den Energieumsatz bei körperlicher Arbeit. Berlin, Köln 1982

Stegemann, J.: Leistungsphysiologie. Stuttgart 1977

Strasser, H.: Physiologische Grundlagen zur Beurteilung menschlicher Arbeit. In: REFA-Nachrichten 5/1986, S. 18-29

Strasser, H./Einars, W./Müller-Limmroth, W.: Möglichkeiten einer Arbeitsplatzbewertung bei vornehmlich psycho-mentaler Belastung. Bundesminister für Arbeit und Sozialordnung (Hrsg.). Bonn 1977

Thiemecke, H.: Gefährdungen durch Gefahrstellen. In: Nohl, J./Thiemecke, H.: Systematik zur Durchführung von Gefährdungsanalysen – Teil II. Schriftenreihe der Bundesanstalt für Arbeitsschutz, Forschungsbericht Nr. 542.

Treier, P.: Umweltfaktor Mikrowellen. In: Arbeit und Leistung 9/1973, S. 235-242

Udris, I.: Psychische Belastung und Beanspruchung. In: Zimmermann, L. (Hrsg.): Humane Arbeit – Leitfaden für Arbeitnehmer, Band 5, S. 110-165. Reinbek 1982

Valentin, H. u.a.: Arbeitsmedizin (Band 1: Arbeitsphysiologie und Arbeitshygiene). Stuttgart 1985

VDI (Verein deutscher Ingenieure) (Hrsg.): Handbuch der Arbeitsgestaltung und Arbeitsorganisation. Düsseldorf 1980

Volkholz, V.: Belastungsschwerpunkte und Praxis der Arbeitssicherheit. Bundesminister für Arbeit und Sozialordnung (Hrsg.). Bonn 1977

Wachsmann, F.: Über die Gefährlichkeit ionisierender Strahlung. In: Arbeitsmedizin, Sozialmedizin, Präventivmedizin 21(1986)8, S. 201-205

Wehner, T./Stadler, M./Mehl, K.: Handlungsfehler – Wiederaufnahme eines alten Paradigmas aus gestaltpsychologischer Sicht. In: Gestalt Theory, Vd. 5(1983), No. 4, S. 267-292

Wenzel, H.G./Piekarski, C.: Klima und Arbeit. Bayerisches Staatsministerium für Arbeit und Sozialordnung (Hrsg.). München 1984

WHO (Constitution of the World Health Organisation): Preamble, adopted by the International Health Conference held in New York from 19. June to 22. July 1946 and signed on 22. July 1946.

Wiebe, V.: Ionisierende Strahlung. In: Reichel, G. u.a. (Hrsg.): Grundlagen der Arbeitsmedizin, S. 268-278. Stuttgart, Berlin, Köln, Mainz 1985

Vorschriften

Gesetze und Verordnungen

Gewerbeordnung (GewO) vom 21. Juni 1869. In: RGBl. S. 245

Reichsversicherungsordnung (RVO) vom 19. Juli 1911. In: RGBl. S. 509

Gesetz zum Schutz vor gefährlichen Stoffen (Chemiekaliengesetz – Chem G) vom 16. September 1980. In: BGBl. I S. 1718

Gesetz über technische Arbeitsmittel (Gerätesicherheitsgesetz – GtA) vom 24. Juni 1968. In: BGBl. I S. 717

Gesetz über Betriebsärzte, Sicherheitsingenieure und andere Fachkräfte für Arbeitssicherheit (Arbeitssicherheitsgesetz – ASiG) vom 12. Dezember 1973. In: BGBl. I S. 1885

Verordnung über gefährliche Stoffe (Gefahrstoffverordnung – GefStoffV) vom 26. August 1986. In: BGBl. I S. 1470

Verordnung über Arbeitsstätten (Arbeitsstättenverordnung – ArbStättV) vom 20. März 1975. In: BGBl. I S. 729

Verordnung über den Schutz vor Schäden durch ionisierende Strahlen (Strahlenschutzverordnung – StrlSchV) vom 13. Oktober 1976. In: BGBl. I S. 2905

Verordnung über den Schutz vor Schäden durch Röntgenstrahlen (Röntgenverordnung – RöV) vom 8. Januar 1987. In: BGBl. I

Technische Regeln für Gefahrstoffe (TRGS)

TRGS 401: Messung und Beurteilung von Konzentrationen giftiger oder gesundheitsschädlicher Arbeitsstoffe in der Luft, Juni 1979

TRGS 402: Ermittlung und Beurteilung der Konzentrationen gefährlicher Stoffe in der Luft in Arbeitsbereichen, November 1986

TRGS 403: Bewertung von Stoffgemischen in der Luft am Arbeitsplatz, Oktober 1985

TRGS 900: MAK-Werte ... (wird jährlich veröffentlicht)

DIN-Normen Deutsches Institut für Normung e.V. (Hrsg.)

DIN VDE 0837: Strahlungssicherheit von Lasereinrichtungen, Februar 1986

DIN 1401: Werkzeugmaschinen – Bewegungsrichtung und Anordnung der Stellteile, Juni 1986

DIN 5035: Innenraumbeleuchtung mit künstlichem Licht, Teile 1 bis 6

DIN 31000: Allgemeine Leitsätze für das sicherheitsgerechte Gestalten technischer Erzeugnisse, März 1979

DIN 31001: Teil 3: Sicherheitstechnische Maßnahmen an Gefahrstellen, Begriffe, November 1984

DIN 31004: Begriffe der Sicherheitstechnik, Teil 1: Grundbegriffe, Vornorm November 1984

DIN 33400: Gestalten von Arbeitssystemen nach arbeitswissenschaftlichen Erkenntnissen, Oktober 1983

DIN 33401: Stellteile – Begriffe, Eignung, Gestaltungshinweise, Juli 1977

DIN 33403: Klima am Arbeitsplatz und in der Arbeitsumgebung, Teil 3: Beurteilung des Klimas im Erträglichkeitsbereich, Entwurf 1984

DIN 33405: Psychische Belastung und Beanspruchung, Februar 1987

DIN 33410: Sprachverständigung in Arbeitsstätten unter Einwirkung von Störgeräuschen, Dezember 1981

DIN 33413: Ergonomische Gesichtspunkte für Anzeigeeinrichtungen, Teil 1: Arten, Wahrnehmungsaufgaben, Eignung, Juni 1984

DIN 57848: Gefährdung durch elektromagnetische Felder
Teil 1: Meß- und Berechnungsverfahren, Februar 1982
Teil 2: Schutz von Personen im Frequenzbereich von 0 bis 3000 GHz, Entwurf August 1986

VDI-Richtlinien Verein deutscher Ingenieure (Hrsg.)

VDI 2242: Konstruieren ergonomiegerechter Erzeugnisse, Blatt 1 und Blatt 2, April 1986

VDI 2057: Einwirkung mechanischer Schwingungen auf den Menschen, Blatt 1 bis Blatt 4.3, Mai 1987

VDI 2057, Blatt 3: Beurteilung der Einwirkung mechanischer Schwingungen auf den Menschen, Entwurf Februar 1979

VDI 2058, Blatt 2: Beurteilung von Arbeits- und Freizeitlärm hinsichtlich Gehörschäden, Oktober 1986

VDI 2058, Blatt 3: Beurteilung von Lärm am Arbeitsplatz unter Berücksichtigung unterschiedlicher Tätigkeiten, April 1981

VDI 4003, Blatt 6: Allgemeine Forderungen an ein Sicherungsprogramm, Klasse A – Ergonomische Aspekte, Dezember 1985

Unfallverhütungsvorschriften

VBG 4 Elektrische Anlagen und Betriebsmittel, April 1979

VBG 5 Kraftbetriebene Arbeitsmittel, April 1986

VBG 93 Laserstrahlen, Oktober 1984

VBG 121 Lärm, Oktober 1984

VBG 125 Sicherheitskennzeichnung am Arbeitsplatz, April 1980

ZH1 – Vorschriften

ZH1/567: Unfallverhütung beim Umgang mit Elektrizität, o.J.

Anhang

Erfassungs– und Auswerteblätter

Erfassungsblatt: Anhang 1

Erkennungsleitfaden: Anhang 2

Analysebericht: Anhang 3

Arbeitsblatt: Anhang 4

Protokollblatt 'Mittelbare Faktoren': Anhang 5

Anhang 1

Erfassungsblatt

F: Folgen
D: Dauer
EB: Erschwerende Bedingungen
Gm: Gefährdungsmaß

lfd. Nr. der Analyse	Arbeitsablaufanalyse Arbeits-/Körperschutzmittel angeben	Gefährdungen Beschreibung, Ursache, erschwerende Bedingungen	Gefährdungs- faktor (i)	Auswertung		
				F	D	EB	Gm
1	2	3	4	5	6	7	8
lfd. Nr. (k)							

Erkennungsleitfaden

Gefährdungs-faktoren	Teilgefährdungen (Items)	Beurteilungskriterien für Folgen und Dauer (•)	Mögliche erschwerende Bedingungen
1.1 Gefahrstellen	in Quetschstellen geraten in Scherstellen geraten in Schneid-, Stich- oder Stoss-stellen geraten in Fangstellen geraten in Einzugstellen geraten	Energieinhalt (Masse/Geschwindigkeit) Form/Gestaltung der verletzungsbe-wirkenden Stellen/Teile gefährdete Körperteile • Aufenthaltsdauer in unmittelbarer Nähe der Gefahrenstelle	schlechte Erkennbarkeit der Gefahr schlechte Beleuchtung hoher Zeitdruck Aufmerksamkeitsablenkung geringer Bewegungsraum
1.2 Gefahrquellen	von herabfallenden Teilen... von wegfliegenden Teilen/Medien... von herumschlagenden Teilen... von kippenden Gegenständen... von pendelnden Gegenständen... von rollenden Gegenständen... von gleitenden/rutschenden Gegenständen... ... getroffen werden	Energieinhalt (Masse/Fallhöhe/Geschwindigkeit) Form/Art der verletzungsbewirkenden Teile gefährdete Körperteile • Aufenthaltsdauer im möglichen Wirk-bereich der Gefahr	schlechte Erkennbarkeit der Gefahr keine Vorhersehbarkeit der Bewe-gungsrichtung hoher Zeitdruck schlechte Ausweichmöglichkeiten hohe mechanische Schwingungen Aufmerksamkeitsablenkung
1.3 Bewegte Arbeits-/Trans-portmittel	von ortsveränderlichen Arbeits-mitteln getroffen werden von Transportmitteln getroffen werden durch Geschwindigkeitsänderun-gen (Beschleunigungen) auf-prallen	Energieinhalt (Masse/Geschwindigkeit) Form der verletzungsbewirkenden Teile/Aufprallstellen gefährdetes Körperteil • Aufenthaltsdauer im Wirkbereich der Gefahr Höhe der Beschleunigung Art/Gestaltung des beschleunigten Körperteils • Aufenthaltsdauer in dem System	hohes Verkehrsaufkommen unklare Verkehrsführung enge Wege schlechte Ausweichmöglichkeiten schlechte Beleuchtung schlechte Erkennbarkeit der Gefahr enge Wege Aufmerksamkeitsablenkung
1.4 Gefährliche Oberflächen	sich an scharfen Kanten schneiden sich an eckigen/spitzen Gegen-ständen/Bauteilen verletzen gegen hervorstehende Teile laufen/sich stossen	Bewegungsenergie des Menschen Anpressdruck Art/Gestaltung der Oberflächen gefährdetes Körperteil • Dauer der Bewegung in unmittelbarer Nähe der gefährlichen Oberflächen	schlechte Erkennbarkeit der Gefahr schlechte Beleuchtung geringe Bewegungsfläche Aufmerksamkeitsablenkung zusätzliche Infektionsgefahr

Anhang 2, Blatt 2

1.5 Tritt-unsicherheit	sich klemmen/quetschen	Energieinhalt (Masse/Geschwindigkeit) Anpressdruck Art/Gestaltung der Oberflächen gefährdetes Körperteil o Ausführungsdauer solcher gefährdungsrelevanter Tätigkeiten	grosses/unübersichtliches Transportgut schwere Lasten geringer Bewegungsraum ungünstige Gestaltung der Ablageflächen
	durch Unebenheiten/Höhenunterschiede stolpern an festen Hindernissen stolpern über herumstehende Gegenstände stolpern ausrutschen/ausgleiten durch zu geringe Reibung fallen von höhergelegenen Plätzen	Bewegungsenergie des Menschen Form/Gestaltung der Stolperstellen Beschaffenheit der Ausgleit- bzw. Aufprallfläche o Dauer der Bewegung in unmittelbarer Nähe der Gefahr Fallhöhe Beschaffenheit der Aufprallfläche o Ausführungsdauer einer absturzgefährdeten Tätigkeit	schlechte Erkennbarkeit der Gefahr schlechte/ungünstige Beleuchtung Aufmerksamkeitsablenkung hoher Zeitdruck hohe sensomotorische Anforderungen
2.1 Niederspannung	berühren unter Spannung stehender Teile	Höhe der Berührungsspannung Stromweg im Körper Übergangswiderstände Einwirkdauer o Aufenthaltsdauer in unmittelbarer Nähe der Gefahr	schlechte Beleuchtung geringer Bewegungsraum schlechte Trittsicherheit Abstimmungserfordernisse unbekannte elektrische Anlagen nicht fachgerechte Betreuung
2.2 Hochspannung	Annäherung an unter Hochspannung stehende Teile	Höhe der Spannung Abstand zu den unter Spannung stehenden Teilen o Aufenthaltsdauer in dem gefährdeten Bereich	geringer Bewegungsraum ungeeignete Werkzeuge
3.1 Brand- und Explosions-gefährdung	explosionsgefährliche Stoffe (E) hochentzündliche Stoffe (F+) leichtentzündliche Stoffe (F)	Entzündlichkeit/Explosionsfähigkeit des Stoffes Konzentration des Stoffes o Aufenthaltsdauer im explosionsgefährdeten Bereich Entzündlich-/Brennbarkeit des Stoffes Konzentration des Stoffes o Aufenthaltsdauer im brandgefährdeten Bereich	hoher Sauerstoffanteil in der Luft Vorhandensein von brandfördernden Stoffen grosse Oberfläche der Stoffe keine Fluchtwege hoher Sauerstoffanteil in der Luft brandfördernde Stoffe grosse Oberfläche der Stoffe keine Fluchtwege

Anhang 2, Blatt 3

Gefährdungs-faktoren	Teilgefährdungen (Items)	Beurteilungskriterien für Folgen und Dauer (o)	Mögliche erschwerende Bedingungen
3.2 Gesundheits-gefährdende Stoffe	sehr giftige Stoffe (T+) giftige Stoffe (T) mindergiftige Stoffe (Xn) ätzende Stoffe (C) reizende Stoffe (Xi) inerte Stäube und Rauche	Konzentration Expositionszeit >>spezieller Einstufungsschlüssel<< S. 144	gleichzeitiges Auftreten mehrerer Stoffe Spitzenexpositionen krebserzeugende, fruchtschädigende, erbgutverändernde Wirkungen
4.1 Heisse Medien	direkter Kontakt mit heissen Medien	Temperatur der Berührungsfläche Grösse des Wärmestromes gefährdete Körperteile Grösse der gefährdeten Körperoberfläche o Zeit, in der eine Berührung möglich ist	schlechte Wahrnehmbarkeit der Oberflächentemperatur schlechte Beleuchtung geringer Bewegungsraum Aufmerksamkeitsablenkung
	von heissen Medien bestrahlt werden	Bestrahlungsstärke Einwirkzeit der Bestrahlung Grösse der Abstrahlfläche bestrahltes Körperteil o Ausführungsdauer einer bestrahlungsgefährdeten Tätigkeit	schlechte Ausweichmöglichkeiten geringer Bewegungsraum
4.2 Kalte Medien	direkter Kontakt mit kalten Medien	Temperatur der Berührungsfläche Grösse des Wärmestromes gefährdete Körperteile Grösse der gefährdeten Körperoberfläche o Zeit, in der eine Berührung möglich ist	schlechte Wahrnehmbarkeit der Oberflächentemperatur schlechte Beleuchtung geringer Bewegungsraum Aufmerksamkeitsablenkung
5.1 Infektionsgefährdung 5.2 Gefährdung durch andere Menschen 5.3 Gefährdung durch Tiere 5.4 Arbeiten in Über-/Unterdruck 5.5 Gefährdung durch Flüssigkeiten ...			
6.1 Klima	arbeiten in warmer/heisser Umgebung	Lufttemperatur Arbeitsschwere Einwirkzeit	>>Matrix<< S. 155	Luftfeuchtigkeit Luftgeschwindigkeit Wärmestrahlung Temperaturschwankungen/Kleidung

Anhang 2, Blatt 4

	arbeiten in kühler/kalter Umgebung	Lufttemperatur Luftgeschwindigkeit Einwirkzeit >>spezieller Einstufungsschlüssel<< S. 156	Arbeitsschwere (beeinflusst nur geringfügig) Isolierung der Bekleidung Grösse der durch die Bekleidung nicht geschützten Körperoberfläche Wärmeleitfähigkeit des umgebenden Mediums (z.B. Wasser)
6.2 Lärm	arbeiten im Lärmbereich	Beurteilungspegel (Mittelungspegel und Einwirkzeit) >>Matrix<< S. 157	hervortretende Einzeltöne/Impulse Häufigkeit/Regelmässigkeit besonders tiefe/hohe Frequenzen Geräuschcharakter (hart, schrill, jaulend) Beeinflussbarkeit
6.3 Mechanische Schwingungen	Ganzkörperschwingungen Hand-Arm-Schwingungen	K-Wert Einwirkzeit >>Matrix<< S. 160	stochastischer Verlauf Stösse Schwingungseinwirkung auf den Kopf besonders schädigende Frequenzen
6.4 Strahlung	Mikro- und Radiowellen (0 bis 300 GHz)	Ersatzfeldstärke bzw. mittlere Leistungsflussdichte Frequenz >>spezieller Einstufungsschlüssel<< S. 162 Einwirkzeit	
	UV-Strahlung	Bestrahlungsstärke bzw. Dosis Frequenz >>spezieller Einstufungsschlüssel<< S. 164 Einwirkzeit	
	ionisierende Strahlung (Alpha-, Beta-, Gammastrahlung, Röntgenstrahlung)	Dosis (bzw. Dosis/Jahr) >>spezieller Einstufungsschlüssel<< S. 166	Zeiteinheit, in der die Dosis aufgenommen wurde betroffene Körperteile und Organe
7 Arbeitsschwere/ Körperhaltung	schwere körperliche Arbeit	Arbeitsenergieumsatz >>Matrix<< S. 169	statische Anteile einseitige Muskelarbeit ständiges Stehen/Sitzen Bewegungsmangel zeitweise hockend/kniend arbeiten zeitweise gebeugt/verdreht/über Kopf arbeiten heben aus ungünstiger Körperhaltung

Analysebericht

Arbeitsplatz: _____ Datum: _____

Betrieb/Werk : _____ Arbeitsaufgabe: _____
Betriebsbereich: _____
Arbeitsbereich : _____

Bemerkungen: _____
_____
_____
_____

Gefährdungsfaktoren	$\overline{Gm}$ 1 2 3 4 5 6 7 8 9 10	Gm max
1.1 Gefahrstellen		
1.2 Gefahrquellen		
1.3 Bew. Arbeits-/Transportmittel		
1.4 Gefährliche Oberflächen		
1.5 Trittunsicherheit		
2.1 Niederspannung		
2.2 Hochspannung		
3.1 Brand- und Ex.gefährdung		
3.2 Gesundheitsgefährliche Stoffe		
4.1 Heisse Medien		
4.2 Kalte Medien		
5 Sonstige Faktoren		
6.1 Klima		
6.2 Lärm		
6.3 Mechanische Schwingungen		
6.4 Strahlung		
7 Arbeitsschwere/Körperhaltung		

Verteilung der Gefährdungen (mit Gm > 3):

Anzahl Gm

    4 5 6 7 8 9 10   Gm

Gefährdungskennzahl:

(Mittelwert aller Gefährdungen im untersuchten System)

GK =   %

Anhang 4

	Arbeitsblatt											
Arbeitsplatz:					Datum:							
Gefährdungsfaktoren	Anzahl Tgef	Σ Gm	$\overline{Gm}$	Gm max	Anzahl Gm =							
					4	5	6	7	8	9	10	
1.1 Gefahrstellen												
1.2 Gefahrquellen												
1.3 Bew. Arbeits-/Transportm.												
1.4 Gefährliche Oberflächen												
1.5 Trittunsicherheit												
2.1 Niederspannung												
2.2 Hochspannung												
3.1 Brand- und Ex.gefährdung												
3.2 Gesundheitsgef. Stoffe												
4.1 Heisse Medien												
4.2 Kalte Medien												
5.1 Infektionsgefährdung												
5.2 andere Menschen												
5.3 Tiere												
5.4 Über-/Unterdruck												
5.5 Flüssigkeiten												
5.6 ...												
6.1 Klima												
6.2 Lärm												
6.3 Mechanische Schwingungen												
6.4 Strahlung												
7 Arbeitsschwere												
Insgesamt												

Protokollblatt Mittelbare Faktoren

Arbeitsplatz: Datum:

Gefährdungsfaktor	Item-Nr.	Item	Einstufung 0 1 2 3
8.1 Elektr. Aufladung	8.1	Elektrostatische Aufladung	
8.2 Beleuchtung	8.2	Beleuchtung	
8.3 Sensumotorik	8.3.1 2 3 4 5 6 7 8	Balance zielgenaue Ausführung weggenaue Ausführung Bewegungskoordination Reaktionszeit Ausführungskontrolle Wahrnehmungsbeeinflussung Konsequenzen 'Fehlhandlung'	
8.4 Informationstechnische Gestaltung 8.4.1 Signalwahrnehmung	8.4.1.1 2 3 4 5	Anordnung/Gestaltung Eignung Wahrnehmung Bekanntheitsgrad Vollständigkeit	
8.4.2 Stellteilbetätigung	8.4.2.1 2 3 4 5	Anordnung Eignung Ausführung/Gestaltung Rückmeldung Reaktionszeit	
8.5 Organisatorische Bedingungen 8.5.1 Arbeitszeit	8.5.1.1 2 3	Nachtarbeit Überstunden Pausengestaltung	▨
8.5.2 Pensumsdruck	8.5.2.1 2 3 4	Zeitdruck Planbarkeit Störungshäufigkeit Entscheidungskomplexität	
8.5.3 Formalisierung	8.5.3.1 2 3 4 5 6	Beschaffung/Ersatz Vertretungsregelung Verfügb. der Arbeitsmittel Zustand der Arbeitsmittel Vollst. der Informationen schriftliche Unterlagen	
8.5.4 Arbeitsaufgabe	8.5.4.1 2 3 4 5 6	Koordinationserfordernisse ungewohnte Umgebung Abweichg. vom Normalbetrieb stereotyper Arbeitsablauf Daueraufmerksamkeit Konsequenzen	
8.6 Arbeitsumfeldgestaltung	8.6.1 2 3 4 5	Bewegungsfläche Zugänglichk. des Arb.platzes Erreichbarkeit Anlageteile Ablagemöglichkeiten Materialabstellflächen	

Register

Ablagemöglichkeit 115, 199
Ablaufplan 34ff.
Abstimmungserfordernis 105, 110, 193
Abstrahlung 56
Absturzgefährdung 46, 136
Adaption (auch Adaptation) 85
Äquivalentdosis 78, 166
Analysebericht 28f., 37f.
Anforderungsliste 42
Anpreßdruck 99
Anzahl Gm 30
Anzahl Tgef 29f.
Anzeigen 174, 179ff.
    – Gestaltung → Teil III/C
Arbeitsablauf 13f., 25, 39, 60, 113
    – Analyse 13f., 25
    – Abweichungen 91, 108, 111, 194
    – Planung 108, 189
    – stereotyp 112, 195
Arbeitsaufgabe 12, 110f., 174, 193ff.
Arbeitsbereich 11f., 194
Arbeitsblatt 28f.
Arbeitsenergieumsatz 60, 62, 80, 155, 169
Arbeitshaltung 68, 168f., 175
    – ungünstige 79, 115
    – Zwangshaltung 112
Arbeitsmittel 41, 96, 109f., 131, 190ff.
Arbeitsorganisation 103ff., 187ff.
Arbeitsplatzkonzentration 55, 97
Arbeitsschutz 6
Arbeitsschwere 60, 62, 79, 80, 99, 155, 168f.
    – Kategorien 60, 80, 155, 169

Arbeitssicherheit 5
Arbeitsweise 14
Arbeitszeit 106ff., 187f.
Aufenthaltsdauer 18f., 20
Aufladung, elektrostatische 48, 83, 173
Ausfalltage 17
Ausführungskontrolle 88
Auskühlung 63, 156

Begriffe 5ff.
Behaglichkeitsbereich 60ff., 154f.
Beinah–Unfälle 11
Bekleidung 60, 154, 156
Beleuchtung 59, 71, 84ff., 174
Beleuchtungsstärke 85, 174
Berührungsfläche 57
Berührungsspannung 50, 138
Berufskrankheit 5, 6, 10, 40, 51, 58
Beschleunigung 132
Beschwerden 11
Bestrahlungsstärke
    – effektive 74, 164f.
    – thermische 57, 149
Betriebsärztlicher Dienst 42
Betriebszugehörigkeit 109
Beurteilungspegel 64, 157
Bewegung
    – ausführen 86, 175ff.
    – Energie 45
    – Gliedmaßen 80
    – Koordination 88, 176
    – nicht geführt 45, 124

- weggenau 87f., 176
- zielgenau 87f., 175
- zwangsgeführt 45, 112

Bewegungsfläche 114f., 198ff.
Bewertete Schwingstärke 69, 158
Bewertung
- Aufenthaltsdauer 18f., 20
- Folgen 17f., 20
- mittelbare Gefährdungen 23, 83

Bildschirmarbeit 84
Bioleistungskurve 106
Blendung 84f., 174
Blickfeld → Gesichtsfeld
Brandgefährdung 49, 51ff., 142ff., 173

Chemische Energien 51ff., 142ff.

Darbietungszeit von Signalen 207
Dauer (Aufenthalt im Wirkbereich) 18f., 20
Daueraufmerksamkeit 112, 196
Dauerleistungsgrenze 80, 86, 168

Effektivtemperatur 60
Einflußfaktoren → Erschwerende Bedingungen
Einstufung
- Aufenthaltsdauer 18f., 20, 26, 34, → Teil III/A
- Folgen 17f., 20, 26, 34, → Teil III/A
- mittelbare Gefährdungen 23, 26, 83, → Teil III/B

Eintrittswahrscheinlichkeit 18f.
Elektrischer Gesamtwiderstand 49
Elektrostatische Auflagung 48, 83, 173
Energie
- chemische 51ff., 142ff.
- elektrische 48, 137ff.
- kinetische 45, 124ff.
- mechanische 45, 119ff.
- potentielle 45
- Strahlungsenergie 70
- thermische 56ff., 146ff.

Energiedosis 78
Energiemodell 6
Entscheidungskomplexität 109, 190
Erfassungsblatt 25f., 28, 34
Erkennungsleitfaden 16, 25, 34
Erschwerende Bedingungen 22, 26, 81, 114
Erträglichkeitsbereich 61
Explosionsgefährdung 52ff., 142

Faktorbereich 9, 15f.
Fangstelle 122
Farbwiedergabe 85, 174
Fehlerhäufigkeit 106
Fehlhandlung 82, 90, 94, 98, 101, 110, 111
- Auslöser 94ff., 102, 103
- Klassifikation 94, 98, 102
- Konsequenzen 95f., 178, 197

Fehlverhalten 82, 92f.
Feinmotorik 86
Feinstaub 54
Flimmern 85, 174
Flüssigkeiten 55, 58, 153

REGISTER

Folgen 17f., 20, 23, 26, 34
Formalisierung 109ff., 190ff.
Fußraum 212

Ganzkörperbestrahlung 77
Ganzkörperschwingung 67f., 158
Gefährdung 6
 − mittelbare 7, 22f., 26f., 34, 81ff.
 − tätigkeitsunabhängig 27
 − unmittelbare 7
Gefährdungsanalyse 7
Gefährdungsfaktoren 9, 15f.
 − Auflistung → Teil III
 − Beschreibung → Teil II
 − Bewertung → Teil III
 − Definition 9
Gefährdungskennzahl 10, 28, 30, 39
Gefährdungsmaß 10, 20, 26, 28
 − Anzahl Gm 30
 − $\sum Gm$ 30
 − $\overline{Gm}$ 30, 37
 − Gm_{max} 30, 37
 − Häufigkeitsverteilung 28, 39
Gefährdungsmatrix 20
 − Arbeitsschwere 81, 169
 − Klima 62, 155
 − Lärm 66, 157
 − mechanische Schwingungen 69, 160
Gefährdungspotential 20
Gefährdungsrangfolge 27, 32
Gefährdungsschwerpunkte 27, 41
Gefährdungssystem 12f., 37f.
Gefahr 6
 − Gefahrenwahrnehmung 112

Gefahrquellen 45, 124ff.
Gefahrstellen 45, 119ff.
Gefahrstoff 51ff., 59, 144
 − Kennzeichnung 53f.
Gehörschaden 64
Geräuschcharakter 66, 157
Gesamtkörperdosis 79, 167
Gesamtwiderstand, elektrischer 49, 138
Gesichtsfeld 179, 203
Gleichgewichtssinn 175
Gleichmäßigkeit (der Beleuchtung) 85, 174
Greifraum 115, 199, 211, 213

Haltearbeit 79, 168
Halteregulation 86
Haltungsarbeit 79, 168
Hand−Arm−Schwingungen 67f., 158
Handlungsbedarf 17, 22f., 28, 32, 83, 114
Handlungskonsequenzen 95f., → Teil III/B
Handlungsspielraum 113
Heiße Medien 56f., 146ff.
Helligkeitsschwankungen 85, 174
Hochentzündliche Stoffe 53
Hochspannung 48, 51, 140ff.

Infektionsgefährdung 58, 152
Informationsabgabe 99ff.
Informationsmangel 93, 110, 192f.
Informationstechnische Gestaltung 87ff., 179ff.
Informatorische Arbeit 90

Ionisationsfähigkeit 71
Item 9, 15f., → Teil III

Kalte Medien 56ff., 150
Kennzeichnungspflicht 53f.
Kinetische Energie 45
Klima 60ff., 154ff.
Klimasummenmaß 60f.
Kodierung 182, 210
Körperhaltung → Arbeitshaltung
Körperschutzmittel 31, 109, 190
Kompatibilität 101, 185, 204, 214
Konsequenzen 95f., 178, 197
Kontraste 85, 174
Koordinationserfordernisse → Abstimmungserfordernisse
Kostenstelle 11

Lärm 64ff., 157
 – Exposition 66
Leichtentzündliche Stoffe 53
Leistungsgrenze 80
Leitregeln zur informationstechnischen Gestaltung → Teil III/C
Lichtbogen 50
Lichtfarbe 85, 174
Luftfeuchtigkeit 60, 62, 152, 154f., 173
Luftgeschwindigkeit 60, 62f., 154f.
Lufttemperatur 60ff., 154f.

MAK-Werte 55
Maskierung 67, 97
Maßnahmen 30ff.

 – Hierarchie 31
 – Rangordnung 30
Maßnahmendringlichkeit 17, 23f.
Maßnahmenklasse 17, 23f., 32
Materialabstellfläche 115, 200
Mechanische Energie 45ff., 119ff.
Mechanische Schwingungen 67ff., 158ff.
Mensch–Maschine–Umwelt–System 12, 90, 97
Mikrowellen 72ff.
Monotonie 108, 112
Muskelkraft 79, 168

Nachtarbeit 106, 187
Nutzungsmöglichkeiten 41f.

Oberfläche 46, 133
Organisatorische Bedingungen 103ff., 187ff.

Pausengestaltung 107, 188
Pensumsdruck 108, 188
Perchloräthylen 76
Potentielle Energie 45
Protokollblatt 27, 34, 83

Quetschstelle 119

Radiowellen 72, 162ff.
Rangfolge 28
Rauch 54f., 144

Reaktionszeit 88, 177, 179, 186, 217
Reize 95
Resonanzfrequenz 68
Rückstellkraft 99ff., 186

Schalldruckpegel 64f.
Schattigkeit 85, 174
Scherstelle 120
Schneidstelle 121
Schnittstelle 13, 90f., 93, 97
Schreckreaktion 49, 83
Schutzkleidung 63
Schwingung
    – Beurteilung 68
    – Einwirkung 67
    – mechanische 67f., 158ff.
Sensumotorik 80, 82, 86ff., 99, 175ff.
Shiver–Index 64, 156
Sicherheitsanalyse 8
Sicherheitsunterweisung 42
Sicherheitswidriges Verhalten 82, 92ff., 108
Signale
    – Definition 95
    – Erscheinungsdauer 97
    – Kodierung 182
    – Signalfrequenz 207
    – Wahrnehmung 90, 97, 177, 179ff.
Sinneswahrnehmung 68, 87, 89f., 97ff., 112, 177
Spektralbereich 69
Springer 109, 111, 191
Staub 54f., 144
Stellteil 183ff.
    – Anordnung 211ff.

– Betätigen 91, 99ff., 115
– Bewegungsrichtung 215
– Definition 99
– Eignung 184, 213
– Gestaltung → Teil III/C
– Sinnfälligkeit 214f.
Stichstelle 121
Störung 91, 92, 108, 111, 115, 189, 194
Stoffe
    – entzündliche 53, 143
    – explosionsgefährliche 53, 142
    – gesundheitsgefährdende 53f., 144
Stoßstelle 121
Strahlendosis 78
Strahlenkrankheit 77, 167
Strahlung 69ff., 162ff.
    – Gammastrahlung 76
    – ionisierende 71, 76ff.
    – Korpuskularstrahlung 70
    – Laserstrahlung 70
    – Mikro- und Radiowellen 72f., 162f.
    – nichtionisierende 71
    – Röntgenstrahlung 70, 76, 166
    – ultrarote → Wärmestrahlung
    – ultraviolette 73f., 164f.
Strahlungsintensität 72
Stressor 103ff., 108
Stroboskopischer Effekt 85, 174
Strom 48ff.
    – Einwirkungsdauer 49, 139
    – elektrischer 48
    – Hochspannung 48, 51, 140f.
    – Wärmestrom 57
Stromdurchflutung 48f., 138

Teilgefährdung 9, 15f.
Teilkörperbestrahlung 77, 79
Teilvorgang 14, 25
Thermische Energien 56ff., 146ff.
TOP-Modell 8, 30
Transportmittel 115, 131ff.
Trichloräthylen 76
Trittunsicherheit 46, 135
TRK-Wert 55

Übergangswiderstand 50, 138
Überkopfarbeiten 168
Überstunden 106, 187
Über-/Unterdruck 58, 125, 153
Unfallanalyse 7, 11
Unfallanzeige 9, 41, 81
Unfallkosten 4
Unfallzahlen 3, 109, 112

Verbandbucheintragung 9, 11
Verhaltensbezogene Maßnahmen 21
Verkehrswege 115, 198, 200
Vertretungsregelung 109, 191
Vigilanz 113

Wärmebedarf 63
Wärmebilanz 62
Wärmestrahlung 56, 60, 62, 69, 71, 148f., 154f.
Wärmestrom 57
Wahrnehmungsbeeinflussung 67, 89, 97, 177f., 204
Wahrnehmungsprozeß 90

Wahrnehmungsschwelle 207
Wirkbereich 19, 58
Wirkungskontrolle 33
Wirtschaftlichkeit 5

Zeitdruck 108, 188
Zündquelle 48, 52, 83, 173
Zugänglichkeit des Arbeitsplatzes 114, 198
Zwangsgeführte Bewegungen 45f.
Zwangshaltung 112, 168

MIX
Papier aus verantwortungsvollen Quellen
Paper from responsible sources
FSC® C105338

If you have any concerns about our products,
you can contact us on
ProductSafety@springernature.com

In case Publisher is established outside the EU,
the EU authorized representative is:
**Springer Nature Customer Service Center GmbH
Europaplatz 3, 69115 Heidelberg, Germany**

Printed by Libri Plureos GmbH
in Hamburg, Germany